Jana Spitzer · Reiner Dittrich

Backöfen in Haus und Garten selbst gebaut

ökobuch

Bibliografische Information der Deutschen Nationalbibliothek

Die Deutsche Nationalbibliothek verzeichnet diese Publikation in der Deutschen Nationalbibliografie; detaillierte bibliografische Angaben sind im Internet unter http://dnb.d-nb.de abrufbar.

Unsere Bücher werden nach höchsten Ansprüchen an Nachhaltigkeit und Ökologie produziert und wir optimieren ständig weiter:

- Papiere und Pappen sind FSC® oder PEFC™ zertifiziert
- Druckfarben auf Pflanzenölbasis
- Druckplattenbelichtung komplett chemiefrei
- Klebstoffe lösungsmittelfrei
- 100% Öko-Strom bei Druck und Bindung
- Müllvermeidung und Recycling bei der Produktion
- kurze Wege, gedruckt in Deutschland

ISBN 978-3-936896-64-0

9. Auflage 2024

Königstr. 43, 26180 Rastede
E-Mail: verlag@oekobuch.de
http://www.oekobuch.de

Druck: Grafisches Centrum Cuno, Calbe

FSC
www.fsc.org
MIX
Papier aus verantwortungsvollen Quellen
FSC® C043106

Titelbilder

Familie Dambuck, D-01844 Langburgersdorf: Abb. oben links

Firma Le Panyol (Adresse siehe S. 93): Abb. oben Mitte

Firma Blöchle (Adresse siehe S. 93): Abb. oben rechts

Familie Feckenstedt/Böhme (Adresse siehe S. 93): Abb. Mitte links

Sabine Köhler, SK-Photo-Creation, Gohrischer Stzr. 18, D-01824 Königstein, www.sk-photo-creation.de: Abb. rechts (großes Bild) und Coverrückseite

Inhaltsverzeichnis

Vorwort

Ein feiner Duft liegt in der Luft. Es riecht nach frischem Teig, nach Brot und Brötchen. Aus einem Garten steigt leichter Rauch auf. Kinder und Erwachsene haben sich um ein kleines Häuschen mit Dach versammelt. Es ist zu klein, um darin zu wohnen, und doch so groß, dass es auffällt. Den Menschen davor bereitet es sichtlichen Spaß, zusammen zu sein. Sie kauen und lachen ...

Vielerorts sind in den letzten Jahren Backöfen selbstgebaut worden, sei es im Garten oder im Haus. Ganz unterschiedlich sind ihre Formen: Von kleinen Erdhügeln bis zum Märchenhäuschen, von der unauffälligen Sitzecke mit verstecktem Schornstein bis zur herausragenden Skulptur eines Dinosauriers.

Was ist das Faszinierende am selbstgebauten Backofen? Ist es nur die Freude, etwas Eigenes zu bauen und es gemeinsam mit Freunden zu nutzen? Oder steckt da mehr dahinter? Der Backofen drinnen oder draußen rückt immer mehr in den Mittelpunkt gemeinsamer Aktivitäten. Das beweist die wachsende Anzahl der Liebhaber und Nachahmer. Waren es anfangs einzelne „Eigenbrötler", so haben ihn jetzt viele Haus- und Gartenbesitzer, ja sogar Kindergärten und Schulen entdeckt. Vielleicht ist es sogar ein Zeichen des Umdenkens vieler Menschen auf dem Weg zur Unabhängigkeit: Weg vom industriellen Konsum, zurück zum Ursprung, zur alternativen Lebensweise. Backen ohne Strom und Gas kommt immer mehr in Mode. In unzähligen Foren und Blogs finden sich Beispiele dafür. Da werden Bauanleitungen und Backrezepte ausgetauscht. Das Internet und die Printmedien bieten eine Fülle von Beispielen, jedoch auch einigen bautechnischen Unsinn.

Dieses Buch soll Anregungen und Hinweise geben, wie ein eigener Backofen gebaut werden kann. Dabei sollen vorrangig natürliche Baumaterialien wie Lehm, Holz und Stroh Verwendung finden, also Materialien, die überall vorhanden sind und meist nicht viel kosten.

Viele Fotos und Zeichnungen ergänzen das Buch und geben Anregung für eigene Ideen. Wir hoffen, dass unser Buch Mut zum Nachbauen macht!

Die fröhliche Gesellschaft am Backofen ist zufrieden; sie haben gegessen und getrunken. Unter anderem gab es frisches Brot, einiges ist noch übrig. Was wird wohl daraus? Wir leben in einer Überflussgesellschaft. Jeder weiß das. In wenigen Tagen ist das Brot alt, doch fortwerfen? Nein, es gibt bessere Lösungen, doch lesen Sie selbst...

In den letzten Kapiteln wird der Leser auf eine kleine Weltreise geführt. Wie sehen in anderen Ländern traditionelle Backöfen aus? Was essen die Menschen in fernen Nationen? Zurück in Deutschland werden wir einen anderen Blick auf unser Brot gewinnen. Der Deutsche liebt sein Brot und wirft doch so viel weg! Dabei gibt es so viele interessante Rezepte aus Altbrot, die Sie bestimmt nicht alle kennen. Oder haben Sie schon mal Brot getrunken?

Die Autoren möchten sich an dieser Stelle für alle, zum Teil sehr persönlich gehaltenen Zuschriften und Hinweise bedanken, die dieses Buch erst zu einem wahren Schatz werden ließen. Viele der Bilder sind bei den Erbauern der Öfen selbst entstanden.

Jana Spitzer Reiner Dittrich

Der Backofen der Familie Dubau

Unser Lehmbackofen wurde innerhalb von 2 Monaten im September/Oktober 2006 selbst erbaut und ist seitdem in Betrieb.

Nachdem das Fundament fertiggestellt war, begannen wir, mit selbstangefertigten Schablonen die Unterkonstruktion zu errichten. Für den Unterbau benutzten wir Feldsteine, die wir mit Beton vermauerten. In einer Holzschalung mit Bewehrungseisen gossen wir eine tragende Platte aus Beton.

Den Backraum mauerten wir mit Schamotteziegeln. Der Rauchabzug (Schornstein) wurde vom hinteren Ende des Feuer-Backraumes nach oben gezogen und dann über dem Backraum nach vorn zum Schornsteinaufsatz. Diesen Teil des Rauchabzuges nennt man „Fuchsgang".

Durch den Fuchsgang wird die Wärme der Rauchgase zusätzlich zum Aufheizen der Schamotteziegel vom Backraum genutzt. Auf dem Foto unten links fehlt noch der Schornstein.

Später haben wir die Schamotteziegel noch in ein ca. 5 cm Lehm-Stroh-Gemisch eingepackt.

Gebacken wird mit selbstgezogenem Sauerteig und Natursteinsalz. Nach mehreren Backversuchen und mit verschiedenen Rezepten backen wir nun regelmäßig etwa alle 3 Wochen. Pizza, Blechkuchen und die unterschiedlichsten Brotsorten schmecken hervorragend und der Duft, der sich beim Backen in der Umgebung verbreitet, ist unbeschreiblich.

Quelle: *Familie Dubau*

1 Grundprinzip des Hausbackofens

Der traditionelle Hausbackofen besteht nur aus einem einzigen Arbeitsraum (Abb. 1.4). Er dient zuerst der Feuerung und dann als Backraum. Diese einfachste Art im Ofenbau hat sich seit Jahrtausenden bewährt. Anders als bei den erst später verbreiteten Großbacköfen und Backherden wird hier nicht gleichzeitig geheizt und gebacken. Praktisch sieht das in etwa so aus: In einem Feuerloch wird zunächst ein kräftiges Holzfeuer entfacht. Die Flammen schlagen und winden sich durch das Backofengewölbe. Sie nehmen einen möglichst langen Weg über die Innenwände zum Schornstein. So wird viel Wärme an das Mauerwerk im Ofeninneren abgegeben. Das Backofengestein muss eine beträchtliche Menge an Wärmeenergie aufnehmen und für mehrere Stunden speichern können. Entsprechend lange will der Ofen beheizt werden. Damit die Wärme nicht so schnell verloren geht, benötigt die dicke Steinschicht eine ausreichend dicke Wärmedämmung. Traditionell wird diese aus Stroh und Lehm hergestellt.

Die Menge an Brennstoff und die Dauer des Heizvorganges richten sich nach der Größe des Ofens. Hier das richtige Maß zu finden setzt einige (erlernbare) Erfahrungen voraus. Ist der Ofen genügend aufgeheizt, zieht der Bäcker die Asche und verkohlten Holzreste aus dem Backraum heraus. Anschließend reinigt er zügig den Backraum mit einer langen Stange, an dem ein feuchter Lappen befestigt ist, dem so genannten Hudelwich (siehe Abb. 4.6.1, Seite 69). Nun kann das vorbereitete Backgut eingeschoben werden. Das können Teigwaren wie Brot, Brötchen, Pizzen, Kuchen aber auch Fleisch, Fisch, Bratäpfel und allerhand Anderes sein. Danach muss die gespeicherte Hitze den Backraum so lange auf der gewünschten Backtemperatur halten, bis das Backgut gar und knusprig ist. Das verbrannte Holz, der Rauch und die heißen Steine geben dem Backgut seinen unverkennbaren Geschmack.

1.1
Ein Hohlraum aus Lehm oder Stein wird durch ein Holzfeuer aufgeheizt.

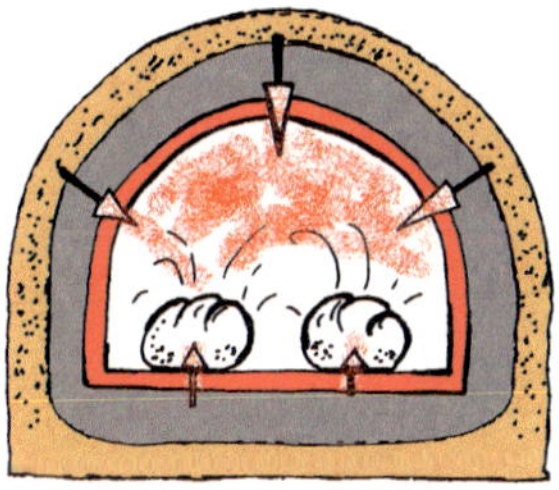

1.2
Das Backgut benötigt eine gleichmäßige Wärmestrahlung.

1.3
Bequeme Handhabung: Aufgeständerter Backofen.

1.4
Backofen mit Lehmdämmung.– seit Jahrtausenden bewährt.

Backofen der Familie Hansen

Wir haben mit großem Interesse das Buch "Der Lehmbackofen - Bauanleitung und Backideen" gelesen (siehe S. 94). Davon inspiriert, haben wir unseren eigenen Lehmofen in einjähriger Bauzeit in unserem Garten gebaut.

Es ist ein ebenerdiger Ofen in römischer Bauweise. Der Lehm stammt für wenig Geld aus nahe gelegenen Kieskuhlen. Ein Dach schützt den Lehmofen vor Witterungseinflüssen.

Auch der Bäcker kann sich schnell mal unterstellen.

Die Außenmaße: betragen ca. 1 x 1 x 0,50 m.

Innen ist Platz für ein Backblech, auf dem wir in der Regel vier Brote backen, im Sommer fast jedes Wochenende nach eigenem Rezept.

Aber auch Pizzen schieben wir in den Ofen – und alles hat einen unnachahmlichen, leckeren Geschmack.

Quelle: *Familie Hansen*

2 Kleine Baustoffkunde

Es sind nur wenige Materialien, die wir für den Bau eines Backofens benötigen. Der Handel bietet Fertigteilöfen an, der Baumarkt hält geeignete Baustoffe bereit. Warum sollte jemand sich Gedanken über das Material machen?
Der richtige Einsatz der verwendeten Materialien entscheidet über die Funktion und Lebensdauer eines Backofens. Mit etwas Wissen zu den grundlegenden physikalischen und ökologischen Besonderheiten lassen sich die Stoffe auch sachgerecht und umweltbewusst einsetzen.

2.1 Etwas Physik

Im Ofenbau spielen die Wärmeenergie und die Temperaturunterschiede eine wichtige Rolle, ebenso die zum Bauen verwendeten Materialien, die sehr unterschiedliche Eigenschaften haben. Um zu verstehen, welche Materialien für welchen Einsatzzweck besonders geeignet sind, ist es hilfreich, sich ein wenig Grundlagenwissen anzueignen: Was das Phänomen Wärme betrifft, so sind die zwei wichtigsten Größen aus der Wärmelehre der Wärmedurchgangskoeffizient und die Wärmekapazität. Weiterhin spielt bei Bauteilen die Festigkeit eine wichtige Größe.
Diese Angaben werden uns in den nachfolgenden Texten und Tabellen, aber auch bei der Beschaffung der Materialien begegnen. Zum besseren Verständnis deshalb hier ein kurzer Exkurs:

Die in der Bauphysik als *Wärmedurchgangskoeffizient* bezeichnete Eigenschaft ist umgangssprachlich auch als Wärmedämmwert bekannt und wird bei Bauteilen als U-Wert gekennzeichnet (früher k-Wert). Der U-Wert wird im Wesentlichen durch die Wärmeleitfähigkeit (ebenfalls eine Materialeigenschaft) und die Dicke der verwendeten Materialien bestimmt, aber auch durch die Wärmestrahlung und Konvektion an den Oberflächen. Die international standardisierte Maßeinheit (SI) ist $W/(m^2 \cdot K)$, also Watt pro Quadratmeter und Kelvin. Je höher der Wärmedurchgangskoeffizient eines Stoffes ist, desto schlechter ist seine Wärmedämmeigenschaft. Bauteile unseres Ofens, die Wärme an den Raum abgeben sollen, benötigen demzufolge Materialien mit sehr hohen U-Werten. Dagegen sollten die Flächen, die keine Wärme abgeben dürfen, einen recht niedrigen U-Wert aufweisen.

Die *Wärmekapazität* besagt, wie viel thermische Energie ein Bauteil pro Grad Temperaturänderung speichern kann. Sie bezieht sich auf einen bestimmten Körper und ist abhängig von der stofflichen Zusammensetzung und Menge. Die Wärmekapazität, bezogen auf eine bestimmte Stoffmenge, wird spezifische Wärmekapazität c genannt, die SI-Maßeinheit lautet $J/(kg \cdot K)$, also Joule pro Kilogramm und Kelvin. Je höher die Wärmekapazität ist, desto mehr Wärme kann ein Körper speichern. Zwar hat die Temperatur des Stoffes einen gewissen Einfluss auf die (spezifische) Wärmekapazität, indem ein erwärmter Körper über eine geringfügig höhere Speicherkapazität verfügt als im kalten Zustand. Dies kann aber in der Bauphysik vernachlässigt werden, weil die Einflüsse gering sind. Bezogen auf unseren Ofenbau bedeutet dies, dass die Wärmekapazität entscheidenden Einfluss auf die Funktion des Backofens ausübt. Je höher die Speicherkapazität des Materials (der c-Wert), desto mehr Wärmeenergie kann der Backofen aufnehmen. Je mehr Wärmeenergie der Ofen aufnehmen kann, desto länger kann der Backraum seine Temperatur auch ohne Befeuerung halten.

Eine weitere wichtige Eigenschaft von Baustoffen ist deren *Festigkeit*. Diese beschreibt den Widerstand, den ein Material mechanischen Kräften entgegensetzt, bis es zu Bruch geht bzw. bis es beginnt, sich zu verformen. Da es verschiedene Arten von Kräften gibt, unterscheidet man diese auch bei der Festigkeit. Es gibt die Druck-, Zug-, Biege-, Knick- und Scherfestigkeit. Mit einigen dieser Kräfte haben wir es auch im Ofenbau zu tun. Die SI-Maßeinheit ist N/mm^2, also die Kraft (in Newton) pro Quadratmillimeter. Äußere Einflüsse wie Temperatur und Feuchtigkeit sowie die Dauer der einwirkenden Kräfte können die Festigkeitswerte verändern. Üblicherweise ermittelt ein Statiker aus den in einem Baukörper entstehenden Kräften die geforderten Festigkeiten, woraus dann die auszuwählenden Materialien und deren Dimensionierung ermittelt werden. Da ein Backofen aber ein verhältnismäßig kleines Bauwerk ist, sind umfangreiche Berechnungen hier nicht nötig. Bei den Maß- und Wertangaben in den folgenden Tabellen kann von einer ausreichenden Dimensionierung ausgegangen werden. Wichtig zu wissen ist, dass Baustoffe in Festigkeitsklassen unterteilt werden. Deshalb kann es vorkommen, dass z.B. genormte Betonformsteine gleicher Größe unterschiedliche Eigenschaften aufweisen. Das ist auch Ursache dafür, warum teilweise unterschiedliche Zahlenwerte in den Tabellen angegeben sind. Beim Kauf von Baustoffen für tragende Konstruktionen sollte deshalb immer die gewünschte Festigkeitsklasse angegeben werden.

2.2 Lehm

Wer noch nie Lehm in der Hand gehalten hat, der sollte es unbedingt einmal tun! Erdfeucht aus dem Boden herausgehoben fühlt er sich geschmeidig an. Er klebt an den Fingern wie Fett und schmiert etwas wie Seife. Er lässt sich wie Knete formen, was sogar Spaß macht. Lehm kann mit Wasser leicht von den Händen abgespült werden und hinterlässt weder Flecken noch Gerüche. Im Gegenteil, die Hände werden sauber. Kein Wunder, dass Gott angeblich den ersten Menschen aus Lehm formte…

Doch was genau ist nun Lehm? Lehm ist ein Verwitterungsprodukt der oberen Gesteinsschichten unserer Erde. Wissenschaftlich gesehen ist Lehm ein Gemisch aus kalkarmem Ton (Korngröße < 0,002 mm), Sand (Korngröße < 0,06 – 2,0 mm) und Schluff (klastische Gesteine, Korngröße < 0,002 – 0,06 mm). Lehm ist also ein Naturmaterial und hat daher je nach Fundort leicht unterschiedliche Zusammensetzungen und Eigenschaften. Seine gelbliche über rötliche bis bräunliche Färbung erhält er durch feinste Einlagerungen von Brauneisenerzen. Der sogenannte „fette“ Lehm enthält viele feine, tonige Bestandteile. „Magerlehm“ hingegen hat einen hohen Sandanteil. Lehm bindet nicht chemisch ab. Er erhärtet durch Lufttrocknung. Deshalb weicht er durch erneute Zugabe von Wasser auf und ist wieder verwendbar, im Außenbereich allerdings dadurch nicht witterungsbeständig.

Die Vorteile: Lehm
- wirkt sich feuchtigkeitsregulierend auf die Raumluft aus,
- ist dampfdiffusionsfähig (lässt Wasserdampf durch),
- ist antistatisch und antiallergisch,
- konserviert Holz,

- besitzt gute Schallschutzeigenschaften,
- schirmt hochfrequente Strahlung ab,
- emittiert keine giftigen Gase oder Dämpfe,
- bindet Schadstoffe,
- brennt nicht (Lehm ist feuerfest, Brandschutzklasse A1),
- besitzt ein gutes thermisches Verhalten,
- lässt sich gut verarbeiten und ist hautverträglich,
- ist als natürlicher Bodenschatz fast überall verfügbar,
- ersetzt aufwendiger aufbereitetes Baumaterial und spart Transportkosten,
- ist mehrfach verwendbar und kann in Eigenleistung verbaut werden.

Bei so vielen guten Eigenschaften ist es doch verwunderlich, warum Lehm so wenig in der modernen Baukonstruktion Verwendung findet.
Wesentliche Gründe sind:

- Lehm ist nicht beständig gegen Wasser und verändert bei Feuchtigkeit sein Volumen.
- Lehm hat im Vergleich zu Ziegelstein und Beton eine viel geringere Festigkeit.
- Die Verarbeitung von Lehm ist zeitaufwendig und deshalb kostenintensiver.
- Lehm ist nicht genormt, seine Eigenschaften können differieren.

Baubiologisch und ökologisch gesehen ist Lehm jedoch zusammen mit Holz und Stroh ein ideales Baumaterial. Wer im Lehmbau aber nach einer Normierung sucht, wird leider enttäuscht. Zwar wurde 1944 in Deutschland die erste „Lehmbauordnung" erlassen, aus der dann 1951 die DIN 18951 entstand. Weitere Vorschriftenwerke kamen aber nicht über die Vornormierung hinaus. Schließlich wurden 1971 alle Lehmbauvorschriften und Normierungen ohne Ersatz zurückgezogen. Nach dem Rückgang der Lehmbaukultur in den 1950er Jahren hatten die Lehmbauvorschriften nach Ansicht der damaligen Experten ihre wirtschaftliche Bedeutung verloren. Heute zählen die alten Vorschriftenwerke nur noch zu den „überlieferten Handwerksregeln". Das heißt, bewegt man sich innerhalb der alten Normierungen, kann man sich im Zweifelsfall immerhin noch auf die „Allgemein anerkannten Regeln alter Handwerkertechniken" berufen. Doch so richtig hat das Interesse nie nachgelassen. In Deutschland werden seit 2002 wieder Weiterbildungslehrgänge zur „Fachkraft für Lehmbau" angeboten. Nach Erwerb eines von der Handwerkskammer anerkannten Prüfungszeugnisses ist damit auch die Gleichstellung mit vergleichbaren Handwerkerausbildungen gegeben.

2.2.1
Kraft- und zeitschonend lässt sich Lehm mit einem elektrischen Rührstab mischen.

2.2.2
Lehm aus alten Lehmwänden kann durch Einweichen wiederverwendet werden, die so zu einer Quelle für den Baustoff Lehm werden.

Erstens kommt es anders und zweitens als man denkt…

…so etwa muss es Herrn Eggelmeyer ergangen sein, als er sich den Traum eines eigenen Backofens erfüllen wollte: „Auf einem gemauerten Tisch habe ich den Backraum als Gewölbe gemauert, mit einer Schicht Lehm als Speichermasse. So hätte der Ofen auch bleiben können, meine Frau wünschte sich aber aus FengShui-Gründen einen Drachen im Garten. Vor meinem inneren Auge entstand dann gleich das Bild eines Drachens, der nach hinten schaut.

Was ich sehe, kann ich auch bauen.
Die Unterkonstruktion besteht aus Eisenstangen und Eisenblechen, geschweißt und mit Ziegeldraht umwickelt. Die Oberfläche habe ich dann mit Lehm gestaltet.
Je besser die Unterkonstruktion ist, desto weniger Lehm ist nötig. Auf den Lehm folgte ein Kalkputz wegen der Feuchtigkeit und dann wurde das Ganze noch farbig gestrichen. Zement ist keiner verarbeitet.
Und jetzt verstehe ich endlich, warum in den Märchen die Feuer speienden Drachen immer die schönsten Mädchen fangen. Es ist der frische Duft nach Brot und süßem Zuckerkuchen, der sie anlockt."
Quelle: *Olaf Eggelmeyer*

Wo ist Lehm erhältlich?

Lehm gibt es praktisch überall auf der Welt. Unterschiedliche Fundstätten gaben dem Lehm auch die entsprechenden Beinamen. Wer einen Garten hat, sollte probeweise eine kleine Grube ausheben. Unter der Humusschicht beginnt der Boden interessant zu werden. Neben Sand, Kies und Gestein trifft man oft auch auf Lehmschichten.

Auelehme bzw. Schlicklehme bilden sich in Flusstälern durch Ablagerungen aus dem Wasser und sind häufig mit organischen Stoffen vermischt.

Geschiebelehme stammen aus Ablagerungen der Eiszeit, sind meist sehr kalkhaltig (Mergel) und wegen geringerer Bindekraft weniger gut zum Bauen geeignet.

Lößlehme entstanden in den Sandstürmen der letzten Eiszeit. Lößlehm ist meist gelblich bis bräunlich, kalkfrei und hat wenige Tonanteile. Daher ist seine Bindekraft auch gering.

Der *Berglehm*, auch Gehängelehm genannt, entstand durch direkte Verwitterung von Gestein und ist meist mit Gesteinsbrocken durchsetzt. Da er häufig einen hohen Tonanteil enthält, besitzt er eine gute Bindekraft, hohe Druckfestigkeit und ein geringes Schwindmaß.

Neben der Lehmgrube kann z.B. auch ein altes Abrissgebäude eine mögliche Baustoffquelle sein. Häufig sind die inneren Trennwände aus Lehmziegeln hergestellt, aber auch die alten Lehmausfachungen eines Fachwerkes können durchaus wieder verwendet werden (Abb. 2.2.2, Seite 11).

Wer all diese Möglichkeiten nicht hat, der schaue ins Internet. Dort findet sich eine Reihe von Lieferanten, die sich auf Lehmprodukte spezialisiert haben. Eine Tonne Lehm kostet zwischen 100 und 200 Euro, zuzüglich Transportkosten.

Wer in einem alten Lehmhaus wohnt, wird vielleicht manchmal mitleidsvoll belächelt. Lächeln Sie zurück mit dem Worten des berühmten Architekten Adel Fahmy: „Früher war ein Lehmhaus ein Zeichen von Armut, heute ist der Lehmbau was für Reiche!"

2.3 Ziegel

Der Ziegel, auch Backstein genannt, ist eines der ältesten von Menschen geschaffene Bauelemente.

In ihm vereinen sich die biblischen Elemente Erde, Wasser, Feuer und Luft zu greifbarer Materie. Denn der Ziegel wird aus tonhaltigem Lehm bei etwa 900°C gebrannt. Weil er auf Dauer nicht wetterfest ist, im Winter schnell ausfriert (Abb. 2.3.1), wird er im Außenbereich mit Mörtel verputzt. Dagegen ist Klinker ein Ziegel mit höherem Tonanteil und bei etwa 1200°C gebrannt, was ihn wesentlich widerstandsfähiger macht. Durch den Sinterungsprozess schließen sich die Poren dichter und werden für Wasser nahezu undurchlässig. Nur Klinker ist somit für den Außenbereich geeignet.

Ziegelsteine, also gebrannte Lehmsteine, wurden wahrscheinlich im 4. Jh. v. Chr. in Ägypten und Mesopotamien „erfunden". Die künstlich hergestellten Bausteine wurden aus Ton und Lehm geformt, getrocknet und anschließend gebrannt. Erst im 12. Jahrhundert kamen sie in der Form, wie wir sie heute kennen, nach Deutschland.

Interessant ist, dass sich die Maße der Ziegelsteine im Laufe der Jahrhunderte gewandelt haben. Die quaderförmige Form musste sich der menschlichen Hand anpassen. Auch das Gewicht spielte eine entscheidende Rolle, denn die linke Hand greift den Stein, die rechte Hand die Kelle (nur beim Linkshänder ist es umgekehrt). Warum allerdings die alten Römer dreieckige Steine

2.3.1
Durch Frostschäden zerstörtes Ziegelmauerwerk im Außenbereich einer Werkhalle.

2.3.2
Intaktes Klinkermauerwerk im Außenbereich.

„Wer möchte schon in einer Welt leben, in der es nur Tütensuppen gibt?“

In der Landküche Henke bieten wir selbst gemachte Suppen, Eintöpfe, Frikadellen, Salate, Kuchen und andere Gerichte an. Daneben verkaufen wir in unserem Lädchen auch noch verschiedene Produkte der Region – wie z.B. diverse Senfsorten, Marmeladen, Honige, Essige und Öle.

Da wir auch ein gutes Brot anbieten wollten, entschlossen wir uns Anfang 2007 zum Bau eines eigenen Lehmbackofens. Aus alten Feldbrandsteinen, Pflastersteinen und fast 800 kg Lehm entstand unser Ofen.

Die Grundfläche unseres Backofens beträgt ca. 1,3 qm und es passen etwa 16 Brotlaibe hinein. Jetzt backen wir alle 14 Tage zwei Brotsorten, die frisch in unserem Lädchen angeboten werden.

Außer den Schamottesteinen stammen alle Baumaterialien aus „Abfällen“. Der Backofen selbst steht außerhalb des Gebäudes. Gefeuert und beschickt wird der Ofen jedoch über das im Gebäudeinneren befindliche Mundloch.

Bedingt durch die große Nachfrage nach unseren leckeren Broten ist der Ofen schon fast zu klein geworden.

Ein Besuch in der Landküche lohnt sich immer!

Quelle: *Landküche Ulrich Henke*

verwendeten, ist unbekannt. Solche Steine werden Sie sicherlich nicht vermauern.
Aus alten Abrisshäusern und Schuttecken lassen sich manchmal gut erhaltene Steine wieder verwenden. Zukünftig wird (zumindest in Deutschland) die Wiederverwertung alter Baustoffe an Bedeutung gewinnen.
Dass man anhand der Maße auch einigermaßen auf Alter oder Herkunft schließen kann, zeigt Tabelle 2.1.

Vollziegel können auch zum Bau des Backraumgewölbes verwendet werden. Es gibt viele Backöfen, deren Backraum nur aus solchen Ziegeln gemauert wurde. Ziegel verhalten sich Nahrungsmitteln gegenüber neutral, es treten keine Schadstoffe aus und sie beeinflussen auch nicht den Brotgeschmack. Allerdings ist die Oberfläche mechanisch nicht sehr stabil gegen hohe Temperaturen. Schlagen die Flammen auf die Oberfläche, wird diese porös und zerbröselt oder zerspringt wie Glas. Ziegel sollten daher nur bei seltenem Gebrauch des Backofens verwendet werden oder wenn es sehr wichtig ist, Kosten einzusparen. Besser geeignet für den Bau des Backraumgewölbes sind Schamottesteine.

Bezeichnung	Länge	Breite	Höhe
Westniederlanden (12.Jh.)	38,0 cm 30,0 cm	18,0 cm 16,0 cm	12,0 cm 8,0 cm
Schweizer Vollbackstein	32,0 cm 25,0 cm	12,0 cm 12,0 cm	6,0 cm 6,0 cm
Klosterformate (12. – 16. Jh)	30,0 cm 28,5 cm 28,0 cm	15,0 cm 13,5 cm 15,0 cm	10,0 cm 9,5 cm 9,0 cm
Gotisches Maß (13. – 15. Jh.)	30,0 cm	14,0 cm	10,0 cm
Bayerisches Format	29,5 cm 34,0 cm	14,5 cm 16,5 cm	6,5 cm 7,0 cm
Donaumonarchieformat (ca. 1867 - 1918)	29,0 cm	14,0 cm	6,5 cm
Altösterreichisches Format	29,0 cm	14,0 cm	6,5 cm
Mitteldeutsches Format Altes dt. Reichsformat (ab 1872) Aktuelle russische GOST-Norm	25,0 cm	12,0 cm	6,5 cm
Deutsches Reichsformat (RF) Österreichisches Normalformat	24,0 cm	11,5 cm	6,3 cm
Elbformat	23,0 cm	11,0 cm	5,2 cm
Hamburger Format	22,0 cm	10,5 cm	6,5 cm
Oldenburger Format	22,0 cm	10,5 cm	5,2 cm
Englisches Format	21,5 cm	10,25cm	6,5 cm
Waalformat (Niederlande)	21,0 cm	10,0 cm	5,0 cm
Friesenziegel	20,6 cm	10,0 cm	5,1 cm
Holländisches Format (nach 16. Jhd.)	20,0 cm	10,0 cm	5,0 cm
Nach DIN 105 (ab 1922) Normalformat (NF) Dünnformat DF)	 24,0 cm 24,0 cm	 11,5 cm 11,5 cm	 7,1 cm 5,2 cm

Tabelle 2.1 Gebräuchliche Ziegelformate im Wandel der Zeit.

2.4 Schamotte

Als Schamotte wird ein feuerfester Stoff im Feuerstättenbau bezeichnet. Schon im 13. Jahrhundert wurden im deutschsprachigen Raum Schamotteerzeugnisse hergestellt. In dieser Zeit entstand auch die Zunft der Hafner, also Handwerker, die Gegenstände wie Töpfe, Pfannen, Krüge, Backformen und Ofenkacheln herstellten.
Schamotte ist gebrannter Ton und Kaolin. Kaolin, seit 1708 durch die Entdeckung Bötchers auch als Porzellanerde bekannt, ist eine feine, eisenfreie, weiße Masse - ein Verwitterungsprodukt

2.4.1
Kaolin, die „Weiße Erde" kommt in der Natur recht selten vor. Der Tagebau in Sachsen wurde durch das Meissner Porzellan bekannt.

2.4.2
Ofenmantelsteine aus Schamotte mit Nut und Feder lassen sich im Stecksystem leicht miteinander verzahnen.

2.4.3
Mit solchen nur 35 mm dicken gewölbten Schamottsteinen lassen sich leicht Rundungen errichten.

des Feldspats. Chemisch gesehen ist es ein Aluminiumsilikat, der Schmelzpunkt liegt bei 1450°C.

Ton ist ein wasserhaltiges Verwitterungsprodukt der Erdoberfläche und besteht aus unterschiedlichen Mineralien. Er ist sehr plastisch mit einem weit höheren Schmelzpunkt als Kaolin. Werden beide Erden miteinander vermischt und gebrannt, schmelzen zuerst die Feldspate. Diese füllen die Zwischenräume zwischen den Tonmineralien und den anderen Bestandteilen des Tons aus. Nach dem Abkühlen kittet das Material zu einer festen Masse zusammen. Dieser Vorgang wird auch Sintern genannt. Diese Masse wird anschließend zermahlen, mit rohem, plastischen Ton (Bindeton) vermischt und ein zweites Mal gebrannt. Das fertige Produkt hat meist eine gelblichweiße Farbe. Die hohe Dichte macht die Schamotte so schwer wie Beton.

Nach dem Einbau in Öfen und Brennkammern werden die Steine durch die Rußablagerungen immer dunkler. Der Schmelzpunkt von Schamotte liegt bei etwa 1400 - 1700°C, je nach Zusammensetzung und Herkunft. Zum Vergleich: Mit Holzfeuer erreicht man Temperaturen von höchstens 1200°C.

Durch die besonderen Eigenschaften (hohes Wärmespeichervermögen, relativ gute Wärmeleitfähigkeit und Temperaturbeständigkeit) ist Schamotte bestens für den Ofenbau geeignet. Industriell werden verschiedene Produkte angeboten.

Für den Backofenboden gibt es Platten für die direkte Verlegung im Pizzaofen. Für die Ausmauerung sind verschiedene Steinformate mit den üblichen Standardmaßen oder auch dünnwandigere Erzeugnisse erhältlich. Für das Gewölbe gibt es Halbwölber, also konisch zugeschnittene (Schamotte-) Steine. Üblich sind auch spezielle Formsteine, so genannte Ofenmantelsteine. Diese bietet der Handel als Rundmantelsteine (für das Gewölbe) mit einer Stärke ab 35 mm an. Die Wandsteine werden mit Nut- und Feder-Querverband hergestellt und für Eckverbindungen gibt es spezielle Steine mit Rundkanten. Aus diesen Erzeugnissen lassen sich Öfen nach dem Legosteinprinzip konstruieren.

Achtung, es gibt verschiedene Arten von Schamottematerial! Manche Hersteller mischen in die Schamotte Anteile aus abgerissenen Schamottegesteinen aus Hochöfen bei. Andere fügen chemische Zusatzstoffe bei, wie Graphit, Calciumoxid und Ähnliches, um bestimmte Eigenschaften zu verbessern.

Kommen jedoch Lebensmittel mit Schamotte in Berührung, z.B. direkt auf der Backplatte, so sollte der Anwender auch sicher sein, dass keine gesund-

2.4.4 *links*
Aus diesen Ecksteinen lassen sich leicht stabile Ofenhüllen aufbauen. Die geriffelte Oberfläche ist ein idealer Putzträger für die Ofenumhüllung.

2.4.5 *rechts*
Auf diesen Bodenplatten aus Lebensmittel geeigneter Schamotte wird später gebacken.

heitsgefährdenden Stoffe austreten und in die Nahrungsmittel gelangen können. Verschiedene Hersteller bieten deshalb Schamottesteine an, die speziell für den Einsatz im Lebensmittelgewerbe zertifiziert sind. Fragen Sie im Zweifelsfalle den Hersteller und lassen Sie sich entsprechende Unbedenklichkeitserklärungen oder Zertifikate vorlegen.

Für Backöfen, die im öffentlichen Bereich genutzt werden sollen, also in Gaststätten- und Gewerbebetrieben, müssen Sie ggf. der zuständigen Gesundheitsbehörde entsprechende Nachweise vorlegen.

Natürlich können Sie Schamottesteine auch aus ausgemusterten Kachelöfen verwenden. Benutzen Sie diese Steine sicherheitshalber nicht im unmittelbaren Bereich, in dem die Lebensmittel zubereitet werden. Dieses Material ist gut geeignet im hinteren Bereich, also im „Fuchs" (siehe Seite 45) und in den Rauchgasabzugskanälen oder in dem Bereich, in dem der Ofen nur zu Heizzwecken genutzt werden soll.

2.5.1
Eingerührte Lehmschlämpe.

2.5.2
Elektrischer Rührstab in der Lehmschlämpe.

2.5 Arbeiten mit Lehm

Lehmmörtel verhält sich etwas anders als Kalkmörtel, der üblicherweise zum Setzen von Ziegelsteinen verwendet wird. Hier sind einige Besonderheiten zu beachten. Zement- und Kalkmortel binden durch einen chemischen Prozess ab, der nicht rückgängig zu machen ist. Lehm dagegen kann mehrfach wieder verwendet werden. Jedoch erhält er seine Binde- und Klebkraft hauptsächlich durch den Austrocknungsprozess.

Zudem geht mit dem Wasserentzug auch eine Verringerung des Volumens einher. Lehm schrumpft und neigt daher zu Rissbildung. Um diese in Grenzen zu halten, sind das Lehm-Sand Mischungsverhältnis und die Technik des Mauerns besonders wichtig.

Zunächst benötigen wir einen geeigneten Lehmmörtel. Dazu verwenden wir einen Lehm, der frei von Beimengungen wie kleinen Steinchen und grobkörnigen Sanden ist. Reiner, feuchter

2.5.3 *unten links*
So klebt ein fetter Lehm an der Maurerkelle.

2.5.4 *unten rechts*
Viele Hände, schnelles Ende – das gilt auch beim Lehm mischen.

2.5.5
So sehen echte Lehmhände aus.

2.5.6
Das richtige Mischungsverhältnis ist oft auch eine reine Gefühlssache.

Lehm fühlt sich in der Hand wie Schmierseife an. Er kratzt nicht und hat keine Zusätze. Dieser Lehm wird zunächst etwa 24 Stunden lang in einer Maurerbutte mit Wasser eingesumpft. Es darf auch länger sein (mehrere Tage). Zwischendurch sollte hin und wieder mal umgerührt werden, weil sich sonst das Wasser zu sehr absetzt. Mit dem Einsumpfen wird erreicht, dass der Lehm genügend Feuchtigkeit aufnimmt und gut aufweicht. Nach dieser Standzeit wird der Lehm gut zerkleinert und vermengt. Das geht ganz gut mit einem Spaten, effektiver ist natürlich ein elektrisches Rührwerk (Abb. 2.5.2). Die Masse soll für den nächsten Arbeitsgang klumpenfrei werden. Nun gibt man feinen Sand hinzu. Da Lehm ein Naturprodukt ist, besitzt er ein je nach Herkunft unterschiedliches (mikroskopisch kleines) Gefüge. Daher ist der Sand mit Fingerspitzengefühl zuzufügen. Das können im Verhältnis zum Lehm ein bis vier Volumenteile Sand sein (1:1 bis 1:4).

Das fertige Produkt sollte am Ende folgende Beschaffenheit haben:

1. Das Gemisch ist erdfeucht mit einer leichten Steifigkeit. Das erkennt man gut daran, wenn die Masse nicht mehr wegfließt. Zieht man mit dem Finger eine Scharte, bleibt sie stehen.
2. Sand und Lehm ergeben eine homogene Masse. Das ist an einer gleichmäßigen Farbe ohne Klümpchenbildungen zu erkennen.
3. Die Klebekraft des Lehmes wird durch den Sand vermindert, jedoch nicht aufgehoben. Das lässt sich am einfachsten prüfen, indem man die Kelle in die Masse steckt und senkrecht herauszieht. Am Blech haftet so gut wie nichts mehr. Doch Vorsicht, zu viel Sand hat die gleiche Wirkung!

Werden diese Bedingungen erfüllt, erhalten wir eine brauchbare Fugenmasse für die nachfolgenden Maurerarbeiten. Es empfiehlt sich trotzdem, die erste Mischung als Probemischung zu benutzen. Schreiben Sie sich das Mischungsverhältnis für die weiteren Arbeiten auf! Sind Sie mit dem Ergebnis zufrieden, können Sie das Mischungsverhältnis für das gesamte Bauprojekt verwenden.

Nachfolgend beschreiben wir die vier wichtigsten Grundregeln zum Setzen der Steine mit Lehm. Dabei ist es unerheblich, ob es sich um Ziegelsteine oder Schamottesteine handelt. Die Bautechnik ist die Gleiche.

Regel Nr. 1:
Trockenen Mörtel auf nassen Stein! Sowohl trockene, normal gebrannte Ziegelsteine als auch Schamottesteine entziehen der frisch aufgetragenen Mörtelmasse recht schnell die Feuchtigkeit. Dadurch lässt sich der nachfolgende Stein kaum noch vollflächig auflegen. Jedes nachträgliche Zurechtrücken zerreißt sofort die porentiefe Haftung. Die

2.5.7
Ziegelsteine werden vor der Verarbeitung gewässert.

2.5.8
Ziegelanordnung 1. Schicht im Eckverbund.

2.5.9
Ziegelanordnung 2. Schicht im Eckverbund.

Klebeverbindung ist dahin und der Stein bleibt locker. Deshalb feuchtet man den unteren Mauerstein mit einer Bürste an. Der aufzulegende Stein wird vorher in einen Eimer mit Wasser getaucht. Dort können auch gleich mehrere Steine verweilen. Den Wasserfilm lässt man abtropfen, bevor der Ziegel aufgelegt wird. Bei nicht saugenden Steinen reicht ein Benetzen mit Wasser.

Regel Nr. 2:
Fugen so dünn wie möglich! Da das Wasser recht schnell von den Steinen aufgesogen wird, schwindet der Lehm stark und neigt zu Rissbildungen. Um dies zu vermeiden, sollten die Fugen nicht zu dick ausgeformt werden. Richtmaß ist etwa ½ cm. Darunter ist es schwierig zu mauern. Die Steine haben ja auch kleine Unebenheiten, die ausgeglichen werden müssen. Sollte es doch mal passieren, dass eine größere Stoßfuge entstanden ist, wird mit Lehm und Ziegelbruch ausgestopft und schön fest gestampft. Die Masse soll nicht zu feucht verwendet werden, die Festigkeit entsteht durch das Stampfen.

Regel Nr. 3:
Ganzflächiges Verteilen! Den Lehmmörtel zuerst auf die Stoßfuge auftragen und mit der Kelle ganzflächig verteilen. In der Mitte darf er eine

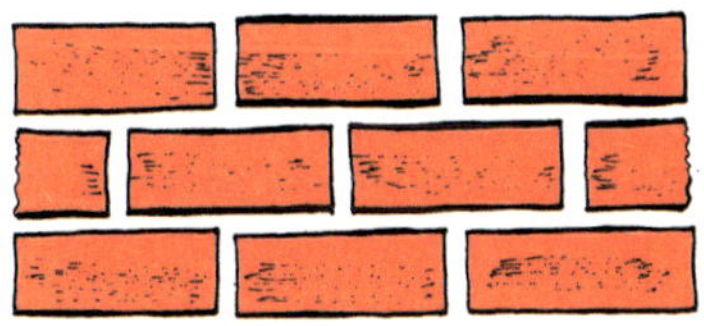

2.5.10
Richtig verlegte Ziegelmauer – Stein auf Fuge.

2.5.11
Richtig: Mit Kleinsteinen ausgefüllte größere Fuge.

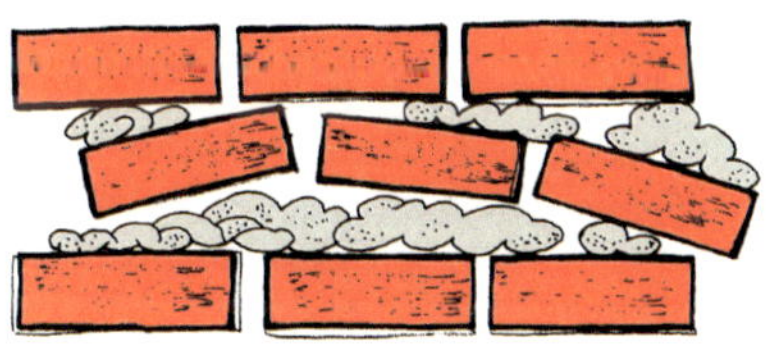

2.5.12
Falsch: Ziegelmauern mit unebenen Lehmmörtelschichten sehen nicht schön aus.

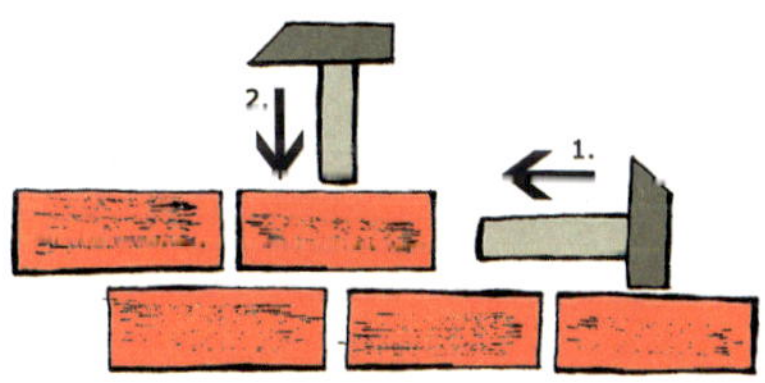

2.5.13
Präzises Steinesetzen: Mit dem Hammerstiel zuerst waagerecht, dann senkrecht leicht anstoßen.

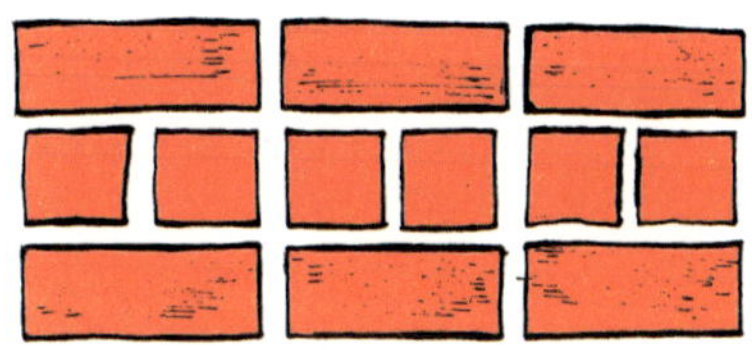

2.5.14
Falsch: Sowohl durchgängig senkrechte als auch sich kreuzende Fugen mindern die Haltbarkeit erheblich.

2.5.15
Falsch: Aufsteller in einer Mauer tragen nur sich selbst und unterbrechen den Mauerwerksverband.

leichte Überhöhung besitzen. Nun genauso den Lehm auf die Lagerfuge des nächsten Steines auftragen. Dann erst den nächsten Stein auflegen, gegen die Stoßfuge schieben und oben mittig etwas festklopfen. Dazu verwendet man den hölzernen Hammerstiel. Nicht zu sehr hämmern, sonst bricht der Stein! Die Masse muss etwas an den Fugen herausquellen. Wackelt der Stein, weil darunter Klümpchen sind oder sitzt er schief, nimmt man ihn gleich wieder herunter. Der Lehm wird abgekratzt und der Vorgang nochmals wiederholt. Alles andere ergibt keine richtige Bindung.

2.5.16
Durch den Wechsel von Wärme und Kälte entstanden Risse im Lehmmantel.

Regel Nr. 4:
Steine immer im Verband setzen! Das gilt gleichermaßen für alle Arten von Mauern. Es werden immer Stein auf Fuge und Fuge auf Stein gesetzt. Kreuzfugen und Fugen über mehrere Schichten vermindern die Haltbarkeit stark. So genannte „Aufsteller", also einzelne, senkrechte Steine im Verbund, mögen vielleicht ein schönes Muster ergeben, vermindern aber die Haltbarkeit und sollten zumindest beim Lehmbau vermieden werden.

Feckenstedts Backofen in Wurzen

Der Aufbau des Fachwerks auf Punktfundamenten. Verwendet wurden Balken aus Abriss.

Ausschachten einer Grube für das Ofenfundament und den Boden.

Das Ofenfundament ist gelegt und der Unterbau für das Fußbodenpflaster wird mit Sand gestampft.

Fertiger Fußboden mit Ofensockel und Überdachung.

Der Boden des Backraumes besteht aus Schamottesteinen, die in Sand gelegt sind. Auf dem Boden wird aus Sand der Kern geformt, der später den Hohlraum des Backofens bildet und dessen Größe bestimmt.

Das Mundloch ist aus Klinkersteinen mit Lehmfugen aufgebaut.

Aus Lehm werden Kugeln für das Gewölbe über dem Back raum geformt und in der Sonne trocknen lassen.

Die getrockneten Lehmkugeln werden auf die Sandform gelegt und ein Tonrohr als Rauchgasabzug eingearbeitet.

Ist die Form vollständig mit Kugeln abgedeckt, werden sie außen mit einer 10 cm dicken Lehmschicht verstrichen.

Nach dem Antrocknen des Lehmverstrichs kann der Sand aus dem Innenraum entfernt werden.

So sieht das Gewölbe nach dem Entfernen der Sandform von Innen aus.

Feckenstedts Backofen in Wurzen

Aus Lehm und Stroh werden Stränge geformt. Links die aus Beton gegossene Schornsteinabdeckung mit Dachziegel.

Die Stränge aus Strohlehm werden als Isolationsschicht um das Gewölbe gelegt und außen dann mit Lehm verschmiert.

Wenn der Lehm gut durchgetrocknet ist, kann man langsam mit dem Heizen beginnen. Nach dem Auskehren der

Asche wird das Mundloch mit einer Holztür geschlossen und der Rauchabzug mittels Blechschieber abgesperrt.

Backen im Winter bei -10°C!

Die Brote in den Gärkörben kurz vor dem Einschieben.

Auf dem Schieber werden noch Löcher in den Teig eingestochen und der Brotlaib mit Wasser bepinselt.

Wenn alles geklappt hat, sieht das Ergebnis so aus.

Text und Bilder: *Ralf Feckenstedt und Neli Böhme*

3 Die Schritte zum Ofenbau

3.1 Planungsgrundlagen

Wie fängt man am besten an, einen Backofen zu bauen? Zunächst sind einige Überlegungen sinnvoll:

- Was soll zukünftig in dem Ofen backen?
- Wer wird den Ofen nutzen?
- Welche handwerklichen Fähigkeiten können eingebracht werden?

Der Reihe nach: Die erste Frage ist entscheidend für die Art des Ofens. Viele Leute denken zuerst an Brot und Pizza. Möglich sind auch warme Speisen, Gegrilltes, Suppen und Kuchen. Denkbar ist auch eine Nutzung zum Trocknen von Pflanzen, Kräutern und Gemüse sowie zum Dörren von Obst. Erweitern lässt sich der Ofen auch, wenn zusätzlich noch geräuchert werden soll. Vielleicht steht der Ofen auch im Inneren eines Hauses? Dann wäre es schön, wenn sich die Wärme noch für die Raumheizung ausnutzen ließe.
Sollen z.B. hauptsächlich nur Pizza oder warme Speisen angerichtet werden, so benötigt der Ofen kein allzu großes Speichervermögen. Der Ofen kann also wesentlich kleiner ausfallen, als wenn darin Brot gebacken werden soll. Ein Brotbackofen benötigt über eine längere Zeit relativ gleichmäßig Hitze. Deshalb wird eine große Speichermasse für den Backraum benötigt. Das bedeutet wiederum eine größere Umhüllung mit viel Steinmaterial und eine noch bessere Wärmedämmung drumherum. Wichtig ist die Wärmequelle, die kurzzeitig den Backraum aufheizen kann. Steht der Ofen in einem Gebäude, wäre es auch wünschenswert, die Abwärme auszunutzen. Begutachten Sie also zuerst Ihr Umfeld und überdenken Sie eigene Vorstellungen.

Die zweite Frage zielt auf die spätere Nutzung ab. Für wen wird der Ofen gebaut? Für den familiären Gartenspaß eignet sich ein kleinerer Ofen mit ausreichend Platz für höchstens drei Pizzen oder vier Brote, die gleichzeitig gebacken werden. Soll er jedoch für einen Kindergarten oder eine Schule entstehen, so können schon mal 20 – 25 hungrige „Mäuler" auf das Backergebnis warten. Also muss der Backraum größer werden. Und was ist, wenn noch mehr Gäste beköstigt werden sollen, zum Beispiel in einem Restaurant? Dann braucht ein Backofen nicht zwangsläufig größer werden. Denn die Gäste kommen zu unterschiedlichen Zeiten. Der Ofen muss daher über einen längeren Zeitraum heiß bleiben. Um dies zu erreichen, sind einige konstruktive Vorkehrungen notwendig und der Backablauf muss anders organisiert werden. Ich wurde einmal gefragt, wie groß ich einen Ofen für etwa 60 Brote bemessen würde. Gedacht

war er für gelegentliche Dorffeste, die ein Heimatverein organisiert. Dazu bräuchte ich eigentlich nur die Fläche eines Brotes mit 60 zu multiplizieren, schon hätte ich das Ergebnis. Hier spielt jedoch der Zeitfaktor eine entscheidende Rolle. Wenn Sie ganz flink sind und pro Brot nur 10 Sekunden zum Einschieben benötigen, die gleiche Zeit für das Wenden innerhalb des Ofens und dann noch mal für das Herausholen der Brote, steht die Ofentür mindestens 18 Minuten offen. Wie soll in dieser Zeit der Wärmeverlust kompensiert werden? Vor dem Ofen stehen gleichzeitig die vielen wartenden Kunden. Manche haben das Geld nicht gleich passend zur Hand, andere haben keinen geeigneten Beutel oder wollen ihr Brot eingepackt in einer Tüte mit nach Hause nehmen, einige wollen erst mal wissen, was so alles im Brot drin ist, bevor sie es kaufen...

Sie merken schon, das wird schwierig. Vergessen Sie also solche Ideen. Bauen Sie stattdessen Ihren Ofen für maximal 12 Brote. Ändern Sie Ihre Organisationsabläufe und bieten Sie frische Butterschnitten mit Kräuterquark und Zwiebelringen an. Da hat auch jeder etwas davon und Sie beherrschen solche Feste stressfrei.

Zur dritten Frage: Kennen Sie Ihre handwerklichen Fähigkeiten? Lehm ist ein wunderbarer Baustoff. Er besitzt die gute Eigenschaft der Wiederverwendung. Das ist hervorragend für den ungeübten Handwerker. Sollte einmal der Aufbau nicht recht gelingen, lässt sich alles leicht zurückbauen. Lehm kann schadlos mehrfach verwendet werden. Das ist der große Vorteil von Lehm. Es entsteht kein Abfall, wenn man noch mal von vorn beginnt. Mit Zement- oder Kalkmörtel wäre das undenkbar. Kleine Lehmöfen können deshalb von einem Laien unbeschwert aufgebaut werden. Für die größeren und professionellen Backöfen gibt es im Handel Formteile und vorgefertigte Ofeneinsätze. Auch diese sind vom Laien beherrschbar. Die vom Hersteller mitgelieferten Montageanleitungen geben den Bauherren dazu detaillierte Anweisungen. Der Vorteil des Eigenbaus liegt in Ihrer Kreativität. Je nach Fähigkeit und Fertigkeit sind Ihrem Einfallsreichtum keine Grenzen gesetzt. Die besten Einfälle kommen meist erst während der Bauphase. Der Selbstbauer bekommt die Chance, seine Phantasien zu entfalten. Das Ergebnis bleibt ein von Ihnen geschaffenes Unikat, wofür man sich von Anderen gern bewundern lassen kann.

Natürlich können Sie Ihren Ofen auch von einem professionellen Ofenbauer setzen lassen. Das bietet die Gewähr, dass er fachlich korrekt errichtet wird. Meist gibt es vorher schon Mustervorlagen oder Katalogansichten, aus denen die Öfen ausgewählt werden. Der Handwerker bringt Werkzeug, Erfahrung und die passenden Materialien mit. Das ist der einfachere Weg.

3.2 Vorschriften

Für feste Feuerstätten und Bauwerke ab einer bestimmten Größe sind Genehmigungen notwendig. Dazu gibt es regional unterschiedliche Vorschriften. Auch regeln Ortsbebauungspläne, wo und wie gebaut werden darf. Informationen dazu geben Ihnen die Bauämter und der Bezirksschornsteinfegermeister, je nachdem, ob Ihr Backofen im Haus oder im Garten gebaut werden soll.

Neu ist die Bundesimmissionsschutzverordnung (BImSchV), wonach schärfere Grenzwerte der Schadstoffemission an die Umwelt und die Minimierung der Feinstaubbelastungen festgelegt werden. Zwar fallen private Kochherde und Backöfen, die ausschließlich der Zubereitung von Speisen dienen und jeweils eine Nennwärmeleistung unter 15 Kilowatt haben, sowie vor 1950 errichtete Öfen (sogenannte historische Öfen) nicht unter das Austausch- und Nachrüstungsprogramm, die Betreiber dieser Anlagen sollten aber dennoch freiwillig dafür sorgen, dass sie ihre Öfen effizient nutzen – aus eigenem Interesse, zum Schutz des Klimas und um die Nachbarn nicht zu verärgern. Bei der Planung, Errichtung und auch bei der nachträglichen Veränderung von Feuerungsanlagen sind weitere Normen, Richtlinien, Verordnungen und insbesondere die Brandschutzvorschriften zu beachten. Darunter fallen auch Bauteile wie Verbindungsstücke, Klappen und Abgasrohre sowie Schornsteine. In Deutschland sind Arbeiten an Feuerstätten teilweise anzeige- bzw. genehmigungspflichtig. Einige Richtlinien unterscheiden sich jedoch in den einzelnen Bundesländern. Wir empfehlen Ihnen deshalb, Ihren Schornsteinfegermeister vor Beginn Ihres Ofenbaus zu Rate zu ziehen.

Nachfolgend haben wir ausgewählte Normen, Gesetze, Verordnungen und Richtlinien zusammengestellt:

Bundesimmissionsschutzverordnung (BImSchV),vom 22.10.2010

Bauordnungen der Länder (LBauO):

Brandschutz- bzw. Feuerungsverordnungen der Länder

DIN V 18160-1, Abgasanlagen-Planung und Ausführung

DIN EN 13384-1 und -2, Berechnung von Schornsteinabmessungen, ehemals DIN 4705

DIN EN 1443, Abgasanlagen Allgemeine Anforderungen

DIN EN 13084-1 bis -7, Freistehende Schornsteine

DIN 4133, Freistehende Schornsteine aus Stahl

ZVH-Richtlinien (Zentralverband Haustechnik e.V.)

Der Lehmbackofen auf Rädern

Am Anfang war das Auto da, dann die Idee, die erst gar nicht so ernst gemeint war, aber dann eine echte Herausforderung wurde. Der Hänger war eine Neuanschaffung und ist auf alle Bedingungen abgestimmt, um ihn im öffentlichen Straßenverkehr mit dem Lehmbackofen zu nutzen. Nach umfangreichen Recherchen und Berechnungen, die sich in erster Linie auf das Gewicht des Ofens bezogen, wurde gemeinsam mit einem Hängerbauer ein geeigneter PKW-Hänger ausgewählt. Er wurde mit dem von mir vorgeschlagenen Vorrichtungen nachgerüstet.

Der Backofen hat eine Backfläche von 1 m x 0,60 m, die Backfläche besteht aus Schamottesteinen. Gemauert ist er mit Lehm und Lehmsteinen, die Dämmung ist besonders leicht, darüber wurde mit Lehm verputzt.

Der Ofen wurde im März 2006 gebaut und hat seitdem einige 100 km gute und schlechte Straßen überstanden. Eingesetzt wurde er bei Familienfeiern und sogar auf dem Weihnachtsmarkt zum Plätzchenbacken. Wie gut er funktioniert, haben die zahlreichen in ihm gebackenen Brote gezeigt.

Quelle: *Bernd Wollny*

Der Backofen der Familie Dittrich

Während der Restaurierung unseres Hauses 2005 entschlossen wir uns, einen Lehmofen einzubauen.

Der Unterbau war aufwendig, denn der Ofen sollte neben dem Backofen auch die Gebäudeheizung unterstützen.

Im hinteren Bereich wurde ein gebrauchter Edelstahl-Wasserbehälter integriert. Mit einem Dreiwegeventil wurde er in den Rücklauf der Zentralheizung eingebunden. Durch die Abwärme der Rauchgase soll die Wassertemperatur im Rücklauf erhöht werden, was Energiekosten einspart..

Der Kessel erhielt eine Ummauerung aus Schamottesteinen, die wir aus alten, abgerissenen Kachelöfen gewannen.

An mehreren Stellen sahen wir Reinigungsöffnungen vor. Auch diese Abdeckungen stammen aus alten, abgerissenen Öfen.

Für die Backraumkuppel verwendeten wir einen Fertigteilebausatz der Firma Le Panyol. Die einzelnen Segmente setzten wir nach Bauanleitung aneinander. Der Rauchgasabgang erhielt eine zusätzliche Öffnung für den Kanal zum Wasserkessel.

Über die Backraumkuppel kam eine dicke Schicht Stroh-Lehmdämmung. Mit der Hand geformt und glatt gestrichen erhielt unser Lehmofen seine endgültige Form. Nur die Ofentür, von einem Schmied gefertigt, fehlte noch. Nun erinnert nichts mehr an die versteckte Technik.

Im Ofen knistert das brennende Holz, auf dem heißen Stein wird die erste Pizza gebacken und ein appetitanregender Duft verbreitet sich im Haus. Und ganz unbemerkt wird das Haus mit der Abwärme des Ofens temperiert...

3.3 Standort

Vor jeder Planung muss man sich neben den finanziellen Möglichkeiten auch mit den örtlichen Gegebenheiten auseinandersetzen. Zuerst steht die Frage, ob der Ofen im Außen- oder Innenbereich gebaut werden soll. Es sind mehrere Dinge zu beachten:

- *Der Standort des Ofens im Außenbereich und die evtl. durch Rauch- und Lärmentwicklung beeinträchtigte Nachbarschaft.*
  Befindet sich in unmittelbarer Nähe ein Kindergarten oder ein denkmalgeschütztes Haus, sind besondere Bestimmungen zu beachten. Auch die Bauhöhe (z.B. des Schornsteines) kann Einfluss auf den Standort haben. Gegebenenfalls sind zudem Abstandsflächen zum benachbarten Grundstück einzuhalten. Überlegen Sie, ob Ihr Nachbar zukünftig vielleicht in irgendeiner Weise behindert wird. Versperrt das spätere Backhäuschen die Sicht (an einer Grundstücksausfahrt) oder wirft es einen Schatten (auf die gemütliche Sonnenterrasse)? Das kann die Lebensqualität des Nachbarn beeinflussen. Streit ist dann vorprogrammiert.

- *Die Ausrichtung des Ofens auf dem zur Verfügung stehenden Grundstück.*
  Die Hauptwindrichtung ist zu beachten. Vorzugsweise sollte die Backraumöffnung zur Hauptwindrichtung zeigen. Dadurch werden die Rauchgase von den davor stehenden Personen weggeführt. Achten Sie auch darauf, wohin der Rauch zieht. Er sollte möglichst nicht in Nachbars Fenster oder dorthin ziehen, wo Wäsche getrocknet wird.

- *Der Standort des Ofens im Innenbereich.*
  Ist ein Schornstein vorhanden und eignet er sich für den Anschluss eines mit Holzfeuer betriebenen Ofens? An einen Schornstein, an dem bereits der Brenner einer Öl- oder Gasheizung angeschlossen ist, darf kein anderer Ofen angeschlossen werden. An jeden Schornstein werden je nach Verwendungszweck mehrere Anforderungen gestellt (Querschnitt, Anschluss, Höhe), die der Schornsteinfeger prüfen muss.

- *Bekommt der Raum genügend Frischluft?*
  Bei der Verbrennung von Holz wird viel Sauerstoff verbraucht. Moderne Häuser sind so dicht gebaut, dass für die Verbrennung nicht genügend Sauerstoff nachströmt. Deshalb sind konstruktive Zuluftmaßnahmen notwendig. Anderenfalls droht Erstickungsgefahr!

- *Tragender Boden.*
  Je nach Größe des Ofens kann ein Backofen eine Tonne und mehr wiegen. Trägt der vorhandene Fußboden diese Last? Wenn Sie sich nicht sicher sind, ziehen Sie einen Statiker hinzu. Er kann es ganz genau berechnen und zur Tragfähigkeit Auskunft geben. Das hat den Vorteil, dass der Statiker Ihnen auch gleich geeignete Lösungen vorschlagen wird.

- *Brandschutz.*
  Beachten Sie unbedingt die Brandschutzvorschriften für den Innenbereich. Zu brennbaren Gebäudeteilen wie Holzdecken, Balken, Türen und Möbeln sind vorgeschriebene Mindestabstände einzuhalten.

Checkliste für den Außenbereich:

- Haben Sie Ihren Nachbarn informiert?
- Halten Sie genügend Abstandsfläche zum Nachbargrundstück ein?
- Können Rauchentwicklungen zu Beeinträchtigungen in Ihrer Umgebung führen?
- Haben Sie beim zuständigen Bauamt angefragt, ob Ihr Bauvorhaben genehmigungsfrei ist?

Checkliste für den Innenbereich:

- Haben Sie die Tragsicherheit des Fußbodens geprüft?
- Ist der Schornstein geeignet / vorhanden?
- Halten Sie alle Brandschutzbestimmungen ein?
- Hat der Bezirksschornsteinfegermeister Ihrem Bauvorhaben zugestimmt?

Willi Palm: Der Bau meines Steinbackofens

Ich begann 1994 zunächst mit dem Bau eines Kalksandsteinsockels auf einem stabilen Beton-Fundament (ca. 40 cm Dicke).

An dieser wunderschönen Ofentür mit Rahmen wurden vom Schlosser ein Winkeleisen und mehrere dünne Blechstreifen angeschweißt. Diese Blechstreifen dienen später in den Schamottesteinen bzw. in der Fundamentplatte als Verankerung.

Für die Kuppelkonstruktion wurden mittels einer Schablone 30 Pressspanstücke zurecht geschnitten. Daran bohrte ich noch ca. 3 mm große Löcher. Die Teile verband ich mit Bindedraht. Die vorbereiteten Pressspanstücke konnten so in gleichmäßigen Abständen um ein senkrecht gestelltes Rohr mittig auf die Schamotte Fundamentplatte platziert werden. Dann mauerte ich mit einer Steinsäge zurechtgeschnittene und gewässerte Schamottestücke kreisförmig um die Schablone. So entstand, versetzt gemauert, Reihe für Reihe die Kuppel. Den Kuppelabschluss bildet ein exakt angepasster Stein.

Für den Rauchabzug reicht ein Eisenrohr mit mindestens 200 mm Durchmesser. Um alles herum wurde auf einem Stahlgerüst mit Bindedraht zurechtgeschnittene Streckmetallplatten befestigt und zur gewünschten Ofenform gestaltet. Dann verputzten wir die Form. Über eine obere Öffnung füllten wir lose Perlite (Schornsteindämm-Isoliermasse) ein, bis die Form mit dieser Masse aufgefüllt war.

Den Sockel um den Steinbackofen herum habe ich mit Terrakotta-Fliesen belegt und mit Wachs versiegelt.

Ich wünsche Ihnen viel Erfolg und Spaß beim Bau Ihres eigenen Steinbackofens!

Die genaue Bauanleitung steht auf meiner Webseite!

Quelle: *Willi Palm, www.steinbackofen-schlemmerei.de*

3.4 Backraumfläche

Oft ist es so, dass dem Bauherrn gedanklich schon klar ist, was er bauen möchte. Doch wie geht man am besten an ein solches Bauvorhaben heran? Was sind die ersten Schritte? Im Folgenden wollen wir deshalb einen erprobten Weg beschreiben. Wir beginnen, indem wir auf einem Stück Papier einen Plan entwickeln. Zweckmäßigerweise entwirft man ein solches Bauvorhaben von „innen nach außen" und dann von „oben nach unten". Zuerst werden die gewünschten Maße des Backraumes ermittelt. Dazu werden die Stärken der Umfassungsmauern und Dämmschichten errechnet. Danach erhält man die äußeren Abmessungen. Auf umfangreiche statische Berechnungen darf verzichtet werden, im folgenden Text finden Sie Hinweise, die für die Standsicherheit eines solch verhältnismäßig kleinen Bauwerks äußerst nützlich sind.

Aus den ermittelten Angaben wird dann eine Skizze angefertigt. Wir benötigen einmal die Vorderansicht des Backofens und eine Seitenansicht. Theoretisch reicht das schon. Bei der praktischen Umsetzung unseres Projektes ist es jedoch leichter, wenn noch eine Draufsicht und ein Fundamentplan gezeichnet werden. Dadurch lassen sich die ermittelten Maße bequem während des Bauens ablesen und überprüfen.

Beginnen wir mit dem 1. Schritt: Wir legen die Backraumbreite und Höhe fest. Dazu müssen wir schon eine Vorstellung davon haben, was wir zukünftig backen wollen. Es gibt zwei erprobte Varianten.

Variante 1: In der Praxis haben sich die Kuchenbleche aus dem Küchenherd bewährt. Darauf lassen sich alle erdenklichen Backwaren legen und leicht in den Backraum einschieben. Also sollte der Backraum mindestens so groß wie ein Backblech sein. Vermessen Sie Ihre vorhandenen Backbleche. Rechnen Sie auf jeden Fall noch einige cm dazu, damit sich später die Backbleche im Ofen nicht verkeilen.

Variante 2: Zur Ermittlung der Backraumgröße ebenfalls bewährt hat sich der Weg über die Anzahl der zu backenden Brote. Dazu verwenden wir als Grundmaß die Größe eines Brotes. Doch wie groß ist ein Brot? Das hängt ganz von Ihren Wünschen ab. Da Brot nach Gewicht verkauft wird und aus sehr unterschiedlichen Teigsorten und Zusätzen bestehen kann, gibt es Volumenabweichungen. Im Allgemeinen kann man mit den Maßen 17 x 30 cm für ein 1 kg-Brot rechnen. Etwas Platz zu den Wänden und genügend Zwischenraum zwischen den Broten sollten Sie noch hinzukalkulieren.

3.4.1
So groß ist ein 1 kg Brot: 17 x 30 cm.

3.4.2
.... viel Platz für Backwaren

RATAGS-Kunstgewerbehaus und Holzkunst

Unsere Bauernwirtschaft sorgt in uriger Atmosphäre im ländlichen Stil und mit unserem Biergarten im Grünen für gemütliche Stunden.
Selbst an die Kleinen ist gedacht. Alles was fehlte, war nur noch ein richtiger Hausbackofen.
Gesagt, getan: Unsere Handwerker bedachten als echte Spezialisten jedes Detail. Fachgerecht wird der Türrahmen an der Ofenwand befestigt (Foto 1).
Foto 2: Hier kann man den Aufbau genau erkennen. Auf die Schamottesteine ist eine Lage in Lehm gelegte Ziegelsteine als Wärmespeicher aufgebracht. Darauf folgen mehrere Schichten Dämmung aus Lehm, Stroh und Sand.

Foto 3: Nun musste noch die äußere Umhüllung gemauert werden. Denn geplant war, dass sich der Lehmbackofen unseren Gästen ohne ein Dach zeigt.

Bei uns wird nun gekocht, gebraten und gebacken wie bei Mutter'n zu Haus. Auch ein Grillplatz gleich nebenan steht für unsere Gäste bereit. Wer einmal hier war, kommt immer wieder!

Quelle: *Bauernwirtschaft zum Kunsthandwerkerhaus, D-01833 Stolpen, www.ratags-bauernwirtschaft.de*

1

2

3

4

5

3.5 Raumhöhe

Für den nächsten Arbeitsschritt benötigen wir die Festlegung der Backraumhöhe. Die Brote selbst brauchen nicht sehr viel Kopffreiheit. Doch das Feuer, das wir entfachen müssen, fordert ein Mindestmaß an Platz. So müssen mehrere Holzscheite bequem zum Abbrennen aufgetürmt werden. Darunter wird noch etwas Platz für das Glut- und Aschebett benötigt. Obendrein sollen die Flammen einen langen Weg über die Ofeninnenflächen nehmen. Die Flammen können umso mehr Wärmeenergie abgeben, je länger sie im Ofen verweilen.

Doch Vorsicht: Je größer das Ofenvolumen ist, desto mehr Brennholz muss verbrannt werden. Das sollte nicht unterschätzt werden. Um einen Kubikmeter Luft um 350°C zu erhitzen, sind theoretisch 454 kJ Wärmeenergie erforderlich. In der Realität müssen zusätzlich die Wärmeverluste ausgeglichen werden, die durch die Rauchgase über den Schornstein entweichen, aber auch durch die Abgabe der Ofenwärme an die Umgebungsluft entstehen. Hauptsächlich aber müssen die Steine des Ofens mit Wärmeenergie aufgeladen werden. Je größer das Ofenvolumen und damit die den Ofenraum umfassende Masse ist, umso mehr Energie muss durch die Holzverbrennung aufgewendet werden. Wie viel Holz in Zukunft im Backofen verbrannt wird, kann also schon jetzt während der Planungsphase beeinflusst werden. Welches ist nun für unseren Zweck eine praktikable und Brennholz sparende Höhe? Aus vielen Bauanleitungen und Erfahrungsberichten wissen wir, dass sich Höhen zwischen 40 und 60 cm bewährt haben. In einer alten Bauanleitung von 1795 war zu lesen, dass die optimale Höhe für einen Brotbackofen nicht mehr als 15 bis maximal 24 Zoll (ca. 39 – 63 cm) betragen soll. Aus Berichten wissen wir, dass bereits vor 200 Jahren das Brennstoffproblem nicht unerheblich gewesen sein muss. Viel Handarbeit, schwere Transportwege und die zunehmende Abholzung ganzer Wälder führten nach und nach zu Holzknappheit. Lassen wir uns also von den Erfahrungen unserer Vorfahren leiten und beziehen sie in unsere Überlegungen mit ein.

3.5.1
Dieser große Backofen ist vielseitig einsetzbar.

3.6 Bauformen

3.6.1
Verkaufsstand rund um einen Lehmbackofen – Bauvorbild aus Israel

Es gibt viele Möglichkeiten, wie der Backraum ausgebildet werden kann. Wer möchte, kann den Raum quadratisch oder rechteckig bauen, mit exakten Kantenlängen und geraden Umfassungsmauern. Dieses Konstruktionsprinzip finden wir häufig im Kachelofenbau wieder. Denn da soll möglichst viel Wärme gespeichert werden und über die Außenflächen der Raumerwärmung zugute kommen. Für unseren Backofen ist dieses Prinzip weniger geeignet. Hier kommt es darauf an, dass im Inneren viel Wärme gleichmäßig gespeichert und nur wenig an die Umgebung abgegeben wird. Ideal ist daher ein kugelförmiger Raum wie im Kuppelofen. Im Inneren werden alle Flächen gleichermaßen erwärmt. Es gibt keine „kalten" und „heißen" Ecken. Die Außenhaut besitzt zudem die kleinste mögliche Fläche. Das hilft, den Wärmeverlust zu minimieren. Warum also werden nicht alle Öfen in Kugelform gebaut?

Das hat mehrere Gründe:

- Das Feuer (und mit ihm die Rauchgase) verwirbeln im Feuerloch und neigen dazu, aus der Ofentür auszutreten. Da hilft auch kein gut ziehender Schornstein. Erfahrungen an solchen Kuppelöfen zeigen, dass beim Beschicken des Ofens sehr viel Rauch aus dem Mundloch herausdringt. Deshalb gibt es einige konstruktive Lösungen mit über der Ofentür angebrachtem Rauchabzug. Meist werden diese Öfen im Fachhandel aus Fertigteilbauelementen mit Formsteinen angeboten.
- Auf einer kreisrunden Ofenfläche lässt sich schlechter hantieren. Das Feuer wird im gleichen Raum entfacht, in dem später das Backgut

3.6.2 Drachenbauform für einen Lehmbackofen

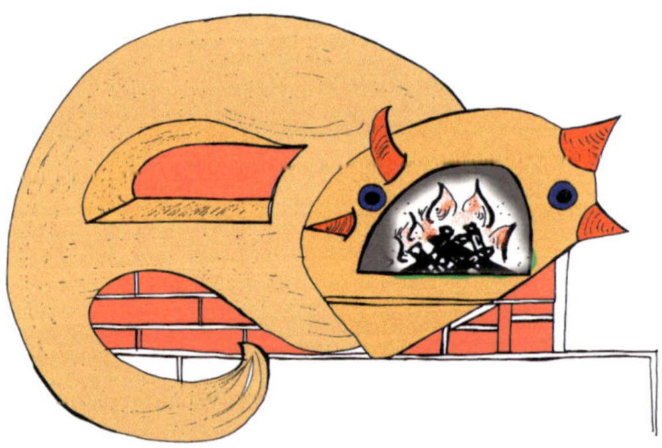

3.6.3 Feuerdrachenbauform für einen Lehmbackofen

3.6.4 Schlangenform für einen Lehmbackofen

3.6.5 Dinosaurierbauform für einen Lehmbackofen

liegt. Die seitlichen Nischen, neben der Ofentür, sind schlecht erreichbar. Da aber sollte der Bäcker bei der Reinigung gut hinkommen. Die Asche muss entfernt werden, der Boden gut abwischbar sein. Denn wenn später die Pizzen auf den heißen Stein geschoben werden, sollten keine Verbrennungsrückstände dazwischen geraten.

- Egal ob Sie Brote, Kuchen oder Pizzen einschieben, es ist wie die Quadratur des Kreises. Es wird Ihnen kaum gelingen, den Boden vollflächig auszulegen. Immer bleibt ein Stück Fläche unbelegt. Zudem kommt man mit dem Brotschieber schlecht in die besagten Ecken, also in die Nischen neben der Ofentür, um das Backgut herauszuholen.

- Ein Nachteil liegt auch in der längerfristigen Befeuerung eines Kuppelofens. Soll zum Beispiel für eine Tagesveranstaltung den ganzen Tag über gebacken werden, werden Sie nicht umhin kommen, gleichzeitig den Ofen zu befeuern und zu backen. Dazu benötigen Sie eine Trennung im Backraum, also ¼ der Fläche für die Befeuerung (z.B. im hinteren Bereich) und ¾ der Fläche für das Backgut (Siehe S. 65, Abb. 4.21 und 4.22). Dass es geht, ist keine Frage, aber es ist schwieriger zu handhaben als in einem der nachfolgend beschriebenen Gewölbeöfen.

3.6.1 Kuppelform

Die Herstellung einer Kuppel mit herkömmlichen Schamottesteinen, aus so genannten „Halbwölbern“, ist schwierig. Hilfreich sind vorgefertigte Formsteine, die im Ofenhandel erhältlich sind. Wer es dennoch ganz klassisch mit Lehm einmal versuchen möchte, für den gibt es drei Möglichkeiten, eine Kuppelkonstruktion zu bauen:

- **Weidengeflecht**
Sie fertigen zunächst ein Geflecht aus Weidenruten an. Am besten eignen sich Korbweiden, also jene ein Jahr alten Ruten von besonders starken Rohrweiden, die z.B. in der Korbmacherei Verwendung finden. Dieses Geflecht bildet das Skelett, welches die Form und den inneren Halt der Kuppel vorgibt. Dann tragen Sie innen und außen ein Lehmgemisch auf. Dieses Verfahren kannten schon unsere Vorfahren. Bereits stein- und bronzezeitliche Funde belegen diese Lehmkuppelform. Die Kuppeln wurden vermutlich innerhalb der Hütten errichtet. Das Rutengerüst stand direkt auf dem Lehmboden. Die so modellierte Kuppel besitzt nur eine Öffnung für das Feuer, das gleichzeitig auch dem Rauchabzug diente. Diese Ofenform ohne zusätzlichen Schornstein oder Rauchgasabzug wird auch als die klassisch-römische Bauweise bezeichnet. Beim Bau sollte man unbedingt eine alte, aber wichtige Regel beachten: Diese besagt, dass die Öffnung

3.6.6
Traditionelle Tunnelofenform

3.6.7
Klassische Lehmbackofenform auf Ziegelsteinsockel

3.6.8
Historischer Backofen unterm Dach

des Ofenmundes etwa 60% der inneren Backraumhöhe betragen soll. Der Abzug funktioniert sonst nicht richtig.

- **Strohballen**

Ein etwas zurechtgestutzter Stroh- oder Heuballen wird mit einer dicken Lehmschicht überzogen. Stecken Sie beim Auftragen der Lehmschicht vorher an einem Ende ein Ofenrohr ein und am anderen Ende eine Feuerungstür. Nach mehreren Tagen Trocknungszeit können Sie vorsichtig etwas Stroh herausziehen. Den Rest zünden Sie an. Der Schwelbrand brennt den Ofen aus.

- **Sandform**

Mit feuchtem Sand formen Sie zunächst das „Gerüst" für eine Kuppel aus. Weil Sie darauf, ohne den Untergrund zu verformen, schlecht den Lehm aufbringen können, legen Sie zunächst einige Lagen feuchtes Zeitungspapier darüber. Mit den Händen werden nun Lehmkugeln geknetet. Diese setzen Sie rings um den Ofen herum dicht an die Sandform. Auch hier können Sie ein Ofenrohr und eine Feuerungstür gleichzeitig mit einarbeiten. Für die Mundöffnung kann auch eine Holzform oder eine alte Styroporplatte eingelassen werden. Beides wird später wieder entfernt. Ist die Kuppel vollständig mit den Lehmkugeln bedeckt, kann die Außenhaut noch mit Lehm verfüllt und geglättet werden. Später lässt sich der Sand durch die Ofentür entfernen. Die Kuppel ist in sich selbst stabil, sie fällt nicht zusammen. Nach einigen Tagen Austrocknungszeit verstreicht man die Innenseiten mit Lehm, so dass die Oberfläche angenehm glatt wird.

3.6.9 bis 3.6.11

Kuppelform aus Weidengeflecht: Weidenruten werden in fest gemauerte Ziegel gesteckt und zu einer Kuppel gebunden (3.6.9). Mit einem Lehm-Stroh-Sand-Gemisch werden die Ruten umhüllt (3.6.10). Die Außenhaut lässt sich phantasievoll gestalten (3.6.11).

3.6.12 bis 3.6.16
Kuppelform aus Sand:
Feuchter Sand gibt die Gewölbeform vor (3.6.12).
Angefeuchtetes Zeitungspapier stabilisiert die Oberfläche (3.6.13).
Selbst gefertigte Lehmkugeln werden dicht an dicht angesetzt. (3.6.14)
Ist das Gewölbe komplett belegt, kann der Sand entfernt werden (3.6.15).
Eine vorgesetzte Gewölbescheibe aus Schamottesteinen gibt den Halt für die Ofentür (3.6.16).

3.6.17 bis 3.6.20
Strohlehm-Pizzaofen auf Unterbau:
Die Kuppelform aus feuchtem Sand entsteht (3.6.17).
Feuchtes Zeitungspapier festigt die Sandoberfläche (3.6.18).
Ein Lehm-Stroh-Gemisch wird behutsam aufgetragen (3.6.19).
Nach dem Austrocknen kann der Sand aus dem Backraum entfernt werden (3.6.20).

3.6.2 Tunnelform

Eine andere Bauform, die sich seit Jahrhunderten bestens bewährt hat, ist das Tunnelgewölbe. Dabei werden an den Außenwänden Steinschichten aufgesetzt und überwölbt. Alte mittelalterliche Öfen brachten es auf Wanddicken von knapp einem Meter. Da spielte die Menge des Brennholzes noch eine untergeordnete Rolle. Ein solcher Ofen musste mehrere Tage beheizt werden, wie heimatgeschichtliche Überlieferungen berichten. Dann aber war so viel Energie abgespeichert, dass die Dorfgemeinde den ganzen Tag bis zum Abend backen konnte. Heute ist eine solche Betriebsweise pure Energieverschwendung. Deshalb, in etwas abgewandelter Form, erläutern wir nachfolgend den Bau eines für das Mittelalter typischen Backofens mit Tunnelgewölbe. Zur Konstruktion des Tunnelgewölbes verweisen wir an dieser Stelle auf das Kapitel 3.13 (S. 55 ff.), denn da wiederholen sich die Ausführungen.

Anders als für die Unterkonstruktion des Ofens wird der Ofenraum nicht mit dem üblichen Zement- oder Kalkmörtel gemauert. Im Ofenbereich verwenden wir Lehmmörtel. Für das Herstellen eines Rundbogens können die genormten normalformatigen Steine verwendet werden. Als günstig erweisen sich Schamottesteine, die für Gewölbekonstruktionen eigens auch in konischer Form hergestellt werden. Mit sogenannten Halb- und Viertelwölbern lassen sich einfache Rundungen und Bögen errichten. Umgangssprachlich sagt man auch, die Steine sind „schössig", wenn die Form vorne schmal und hinten breiter ist. Auch werden speziell „gebogene" Gewölbesteine angeboten. Vorteilhaft ist, dass sie dadurch nur mit der Mindestfugendicke vermauert

werden müssen. Diese Steine sind etwas teurer als die normalformatigen. Achten Sie darauf, dass die Fugen vollflächig mit Lehm verstrichen werden. Auf der Innenseite sollte die Fuge sehr klein ausfallen. Es empfiehlt sich, nach dem Setzen der Steine das Gewölbe von innen nachzufugen. Dazu legt sich der Maurermeister rücklings in den Backraum. Die Beine dürfen draußen baumeln. Später brennt der Lehmmörtel bei großer Hitze aus und „verziegelt". Das ist an der glasigen Oberfläche zu erkennen.

Weitere Möglichkeiten zum Verfugen: Der Fachhandel bietet einen hydraulisch bindenden Schamottemörtel an, der sich besonders für mechanisch stark beanspruchte Stellen eignet. Ein ähnliches Material lässt sich auch aus fettem Lehm herstellen. Statt mit Sand wird der Lehm mit feinem Ziegelmehl gemagert. Nicht ganz so gut, aber möglich ist

3.6.21
Tunnelform: Mit Schamotteformsteinen lässt sich (leicht) ein Rundbogen errichten.

3.6.22
Der Rahmen für die Ofentür wurde von einem Schlosser angepasst.

3.6.23
Etwas schwieriger ist der Bau eines Tunnelgewölbes mit NF-Steinen.

3.6.24
Selbst gebaute Schablonen können hilfreich sein.

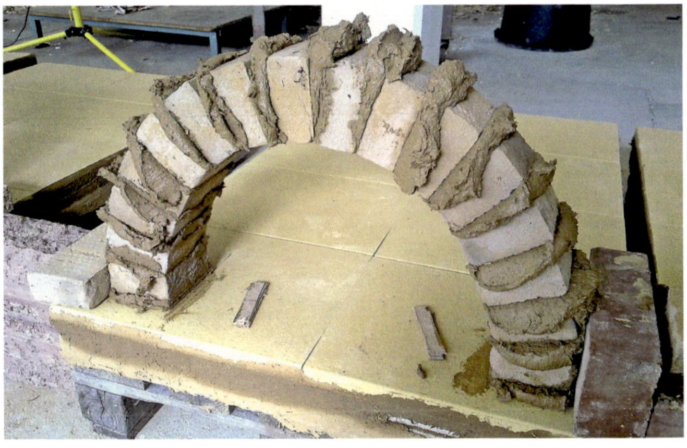

3.6.25 Ein Rundbogen trägt sich selbst, es müssen nur geringe seitliche Kräfte abgefangen werden.

Die Erinnerung gab mir die Idee zum Bau

Als ich etwa 12 Jahre alt war, verbrachte ich mit meinen Geschwistern Anfang der 1950er Jahre die Sommerferien auf einem kleinen Bauernhof. Brot und traditioneller Butterkuchen wurden draußen in einem Lehmbackofen gebacken. Die Prozedur von Anheizen, Entfernen der Glut und das Hineinschieben der Brote habe ich noch gut vor Augen – und vor allen Dingen den unvergleichlichen Geruch frisch gebackenen Brotes in Erinnerung.

Im Frühjahr 2007 erfolgte der erste Spatenstich. Zum ersten Mal in unserem Leben standen wir vor der Aufgabe, eine Verschalung herzustellen, Fundamente zu „gießen", die Seitenwände zu mauern, die den Ofen später tragen sollten und die auf den Seitenwänden ruhende Beton-Platte zu gießen.

„Wenn du einen Lehmbackofen bauen willst, brauchst du als erstes ein wetterfestes Dach!" hieß es. Relativ schnell entstand ein einfaches Schräg-Dach aus Holz und Dachpappe mit Überständen. Der Durchlass für den Abzug gestaltete sich schwierig. Immer wieder lief Regenwasser an undichten Stellen am Rohr herab. Mit einer Metall-Rosette und feuerfester Paste gelang die Abdichtung.

Familien und Freunde kneteten aus einer fertig gekauften „feuerfesten" Lehm-Stroh-Mischung (Lehm-Unterputz, 30 kg, Sackware, vermischt mit 30 mm Stroh) Kugel um Kugel für die erste Schicht des Gewölbes über einer Sandform. Die besondere Haltbarkeit dieser Konstruktion leuchtete uns von der Statik her ein.

Es folgten eine weitere Schicht der Lehm-Stroh-Mischung, eine zusätzliche Stabilisierung mit einem Drahtgeflecht, eine Wärmedämmschicht (Stroh vom benachbarten Bauern, mit einem Lehmbrei vermischt) und schließlich eine letzte Lage Lehm-Mischung. So entstand eine Gewölbedecke von insgesamt 16 cm. Dafür hatten wir 25 Säcke je 30 kg Trockenmasse verarbeitet. Ein Erfolgserlebnis der besonderen Art!

Es war ein bewegender Moment, als das Gewölbe geschaffen war. Das drückt sich auch so aus: Das jüngste Familien-Mitglied kriecht vertrauensvoll in den Backofen, um die letzten Sandreste frei zu fegen (Abb. unten Mitte).

Eine nach Maß gefertigte, geschmiedete Tür verschließt den Ofen. Das erste entfachte Feuer brachte den Beweis: Der Ofen hat einen guten „Zug" und erste Rauchspuren nähren die Fantasie. Der Duft frisch gebackenen Brotes zieht bald durch unseren Garten....

Quelle: *Jan Peter Wilkens, www.weichenstellen.de*

auch die Verwendung von Kalkmörtel, ein Gemisch aus Sand und hydraulisch bindendem Kalk. Allerdings ist Kalk nicht so gut für die Haut (Verätzungsgefahr) und verträgt sich nicht mit Lehm (vermindert die Bindekraft). Als völlig ungeeignet erweist sich Zementmörtel. Er ist viel zu hart und reißt leicht unter Hitzeeinwirkung.

Das Gewölbe über dem Ofen sollte als Rundbogen ausgeführt werden. Ein Rundbogen hat die Eigenschaft, dass alle statischen Kräfte vorwiegend senkrecht abgeleitet werden. Gedrückte Bögen und Flachbögen sehen zwar auch interessant aus, jedoch werden die Kräfte sowohl senkrecht als auch seitlich abgeleitet. Dadurch entstehen seitliche Schubkräfte, die sich unter dem Einfluss der Materialausdehnung durch die Ofenwärme noch verstärken. Es können unschöne Risse entstehen, die bis zur Zerstörung des Ofens führen. *Merke:* Rundbögen sind für den Ofen vorteilhaft, gedrückte und flache Bögen für die Unterkonstruktion.

3.7 Ummauerung

Die vorherigen Abschnitte gaben Hinweise für die Festlegung der Maße des Backraumes, also auch für die Länge eines Tunnelgewölbes. Nun soll dieser Raum komplett ummauert werden. Günstigerweise richten wir uns bei der Festlegung der Länge nach dem Standardmaß der Ziegel, die wir benutzen. Warum das vorteilhaft ist, merkt man beim Mauern recht schnell. Am hinteren Ende der Steinreihen müssten anderenfalls die Ziegel auf die gewünschte Länge gesägt werden. Beachten Sie auch, dass sich zwischen den Mauersteinen eine Fuge von durchschnittlich 1 cm befindet. Übliche Mauersteine haben nach DIN 4172 die Maße: 7,1 x 11,5 x 24,0 cm. Weil dies das Grundmaß ist, auf das sich alle anderen Bauteile im Mauerwerksbau beziehen, spricht man vom „Normalformatischen Ziegel" kurz „NF". Unsere Ofenwände werden aus Steinen gemauert, die der Länge nach ausgerichtet sind. Ziegel und Fuge ergeben eine Einzellänge von 25 cm. Auf einem Meter (genau genommen auf 99 cm) werden pro Schicht also vier Steine und drei Fugen verwendet. Ähnlich verhält es sich bei der Höhe. Allerdings wird die unterste Fuge 2 cm dick angelegt, um Unebenheiten auf der Bodensohle auszugleichen. Die Wanddicke beträgt 11,5 cm. Da unser Ofen viel Wärme abspeichern soll, ist diese Wanddicke etwas gering. Deshalb setzt man an der Außenseite noch eine Schicht Steine darüber. Während im Inneren des Ofens unbedingt Schamottesteine verwendet werden sollten, darf die darüber liegende, äußere Schicht aus Ziegelsteinen bestehen. Diese Schicht wird nicht der direkten Beflammung ausgesetzt. Es reicht aus, wenn die Ziegelsteine flach verlegt werden, so dass eine 7,5 cm dicke Schicht entsteht.

Die inneren Schamottesteine als auch die Ziegelsteine werden vollflächig und satt in Lehm gesetzt und miteinander verbunden. Achten Sie darauf, dass keine Lufteinschlüsse entstehen. Sinn ist, dass dieses Mauerwerk möglichst viel Wärme aufnimmt und im Stein abspeichert. Eine schlechte Vermörtelung zwischen den inneren und äußeren Steinen vermindert die Wärmeübertragung. Achten Sie auch darauf, dass die Innenflächen sorgfältig mit Lehm verfugt werden.

Warum sollte im Inneren unbedingt Schamottestein verwendet werden? Natürlich lässt sich der Innenraum auch komplett aus Lehmsteinen herstellen. Solche luftgetrockneten Lehmsteine werden auch als „Grünlinge“ oder „Klutsteine“ bezeichnet. Schamotte hat jedoch in Bezug auf Ausdehnung, Schmelzpunkt und Speichervermögen die besseren physikalischen Eigenschaften (Siehe S. 15 ff.). Die meisten anderen Steinmaterialien halten bei direkter Beflammung den hohen Temperaturen nicht stand und reißen oder „zerbröseln“. Bedenken wir auch die Temperaturen, welche wir im Inneren durch Abbrennen von Holz erzeugen. Immerhin können die Flammen bis 1200°C heiß werden. Auch speichern Materialien wie beispielsweise Ziegelsteine die Wärme weniger gut. Um die geringere Wärmekapazität zu kompensieren, müsste dann die Speicherschale dicker (mehrschichtig) aufgebaut werden. Nachteilig erweisen sich reine Lehmziegel ebenfalls, wenn sie als Hintermauerschicht verwendet, also in der zweiten Schicht eingebaut werden. Sie könnten zwar genügend Wärme speichern, verlieren jedoch durch den Austrocknungseffekt über längere Zeit viel an Festigkeit.

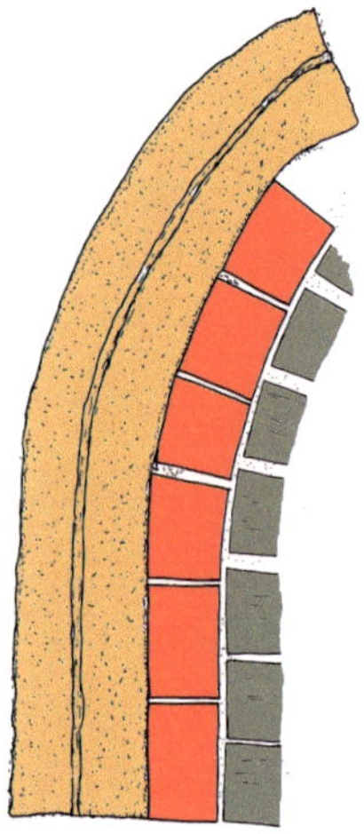

3.8.1
Schichtaufbau Rundbogen von Innen nach außen:
A...Schamotte
B...Ziegelstein
C...Stroh-Lehm-Gemisch
D...Jutegewebe

3.8.2
Tunnelofen mit Blähtondämmschicht

3.8 Wärmedämmung

Damit der Ofen nicht zu schnell auskühlt, erhält er außen eine Wärmedämmschicht. Traditionell wird diese aus Lehm und Stroh hergestellt, aus Naturmaterialien, die es überall gibt und die nicht viel kosten. Ausreichend ist eine Schichtdicke von max. 20 cm. Wir werden erstaunt sein, wie gut die Wärme im Ofen gehalten werden kann. Auch wenn wir den Ofen mehrere Stunden anheizen und betreiben, bleibt die äußere Schicht kühl. Befürchtungen bezüglich Brandgefahr braucht man nicht zu haben. Die Lehmumhüllung der einzelnen Strohhalme verhindert ein Entzünden. Bautechnisch wird dieses Bauteil, fachgerecht hergestellt, in die Brandschutzklasse A2 (nicht brennbar) eingestuft.

Die Wärmedämmung wird folgendermaßen hergestellt:
In einer Maurerbutte (Speisfass) wird eine dünnflüssige Lehmschlämpe angerührt. Dazu verwenden wir ein Gemisch aus 2 Teilen Lehm, 3 Teilen Sand und reichlich Wasser. Das alles wird gut vermischt. Flott geht das mit einem Rührstab an einer Bohrmaschine. Die Konsistenz soll etwa der einer guten Tomatensuppe entsprechen und klumpenfrei sein. Nun wird jede Menge Stroh in das Gemisch eingeweicht. Dazu eignen sich am besten die Strohhalme vom Weizen. Diese müssen vorher noch in 25 – 30 cm lange Stücke geschnitten werden. Nun folgt der anstrengende Teil: Das Stroh muss so lange vermengt werden, bis alle Strohhalme eine lehmbraune Färbung angenommen haben. Es dürfen keine Halme unbedeckt bleiben. Ist noch Lehmbrühe übrig, geben wir weiteres Stroh hinzu, bis alles aufgesogen ist. Wer Kinder hat, ist hier im Vorteil. Sie können gleich barfuß in die Wanne treten und darin rummanschen. Der Spaß ist vorprogrammiert. Keine Angst, Lehm hinter-

lässt keine Flecken in der Kleidung, auch wenn es zunächst so aussieht.
Nun wird die Strohmasse mit den Händen gleichmäßig auf das Backraumgewölbe aufgetragen. Schicht für Schicht wächst so die äußere Umhüllung. Was dabei herunterfällt, kann der nächsten Wannenfüllung zugemischt werden. Das ist der Vorteil von Lehm, es wird kein Abfall erzeugt. In der prallen Sonne werden wir zusehen können, wie kleine Schwundrisse an der Oberfläche entstehen. Diese werden mit etwas Wasser und den Händen mehrfach zugestrichen. Diese Methode eignet sich auch, wenn wir den Arbeitsgang unterbrechen müssen, um ihn erst am nächsten Tag fortzusetzen. Kleine Hohlräume, die auf diese Weise entstehen, sind nicht problematisch. Die eingeschlossene Luft ist gewünscht und unterstützt die Wärmedämmung.
Abraten möchten wir an dieser Stelle vom Zumischen moderner Dämmmaterialien. Stoffe wie Perlite, Polystyrolkugeln, Blähton, Dämmwolle usw. mögen zwar die Dämmeigenschaften aufwerten, vermindern aber erheblich die Festigkeit der Lehmschicht. Die Dämmung verliert ihren inneren Halt und ist nicht mehr in der Lage, Wärmedehnungen auf Dauer zu kompensieren. Die Dämmschicht bekommt Risse und wird undicht. Sie müssten in diesem Fall konstruktiv durch mehrere Lagen Putzgitter oder Hasendraht entgegenwirken. Stroh ist dagegen erstaunlicherweise über einen langen Zeitraum in der Lage, Dehnungsrisse auszugleichen und den inneren Verbund zu wahren.
Um das Risseproblem in den Griff zu bekommen, gibt es die Möglichkeit, in die Wärmedämmung eine Lage Jutegewebe (z.B. von einem alten Sack) einzuarbeiten. Dieses muss angefeuchtet satt in den Lehmstrohverbund eingearbeitet werden.

3.8.3
Auf die Lehmschicht wird Stroh aufgebracht.

3.8.4
Das Stroh wird mit einer dünnen Lehmschlämpe verklebt.

3.8.5
Zu lange Strohhalme lassen sich schlecht verarbeiten.

3.8.6
Das Stroh wird mit dem Lehm vermischt - bei Kindern sehr beliebt.

Die letzte äußere Schicht ist die Außenhaut. Sie ist im Außenbereich der Witterung ausgesetzt und daher besonders anfällig gegen mechanische Einwirkungen und Feuchtigkeit. Da Lehm nicht wasserfest ist, wird er dem Außenklima nicht dauerhaft standhalten können. Da hilft nur eine Bedachung. Doch um eine optisch gute Oberfläche zu erhalten, trägt man über die Stroh-Lehmmasse einen dünnen Lehmputz auf. Dieser besteht aus fettem Lehm, der mit ca. 2/3 Sand gemagert ist. Verfeinern lässt sich die Oberfläche im Innenbereich mit einem farblosen Kaseinanstrich, der 3-mal auf den Lehmputz aufgetragen wird. Der Anstrich schließt die Poren und gibt dem Putz eine leicht glänzende Oberfläche.

3.9 Ofentür

Die vordere Öffnung des Ofens wird „Mundloch" genannt. Damit die Wärme beim Backvorgang nicht verloren geht, sollte es gut verschlossen werden können. Die einfachste Form besteht aus einem Verschluss aus einer dicken, zusammengenagelten Holzplanken-Platte. Damit das Holz nicht verbrennt, wird es auf der Innenseite entweder mit Lehm ausgeschmiert oder mit einer dicken Blechplatte beschlagen. Für den Anfang mag diese einfache Lösung genügen. Bei längerer Nutzung werden sich einige Nachteile bemerkbar machen. Abgesehen von der Haltbarkeit fehlt eine wichtige Funktion - die Regulierung der Zuluft. Während der Befeuerung sollte nur so viel Luft zugeführt werden, wie die Flammen zur Verbrennung benötigen. Bei einer zu großen Öffnung geht wertvolle Wärme verloren. Die Flammen und die Rauchgase neigen dazu, aus dem Mundloch zu schlagen. Der gewünschte Luftstrom zur Tür hinein und zum Schornstein hinaus kann im ungünstigsten Fall nicht aufgebaut werden.

Professionelle Backofentüren bestehen deshalb meist aus reinem Gusseisen mit einer regulierbaren Frischluftklappe. Sie wird auch als Zuluftregulierungsklappe bezeichnet und kann eine quadratische, rechteckige oder auch kreisförmige Öffnung freigeben. Eine luxuriöse Zugabe ist ein Fenster aus feuerfestem Glas. Dieses erleichtert die Handhabung ungemein, weil man stets das Ofeninnere im Blick behält. Es geht aber auch ohne. Gegen das Verrußen der Glasscheibe kann man konstruktiv geringfügig gegensteuern. Luftleitbleche über der Zuluftregulierungsklappe

3.9.1
Einfache Backofentür zum Einsetzen.

3.9.2
Genietete Bänder und Beschläge zeugen von alter Handwerkskunst.

leiten die einströmende Luft über die Innenseite der Glasflächen. Dieser Luftschleier vermindert die Verrußung. Allerdings funktioniert das nur, so lange die Zugregulierklappe geöffnet bleibt.

Die einzelnen Bauteile der Ofentür, also Scharniere und Bänder, werden geschmiedet und genietet. Die schlichteren Türen sind oft quadratisch oder rechteckig gebaut und geschweißt. Das Türblatt wird gewöhnlich rechts aufgehängt, außer Sie sind Linkshänder. Das macht Sinn, denn als Rechtshänder steht man in aller Regel links vor dem Ofen. Traditionelle Konstruktionen sind meist Halbbogentüren. Die sehen ästhetisch gediegen aus und passen sich der Kuppel- oder Tunnelform an.

Öffnungen über 60 cm Breite werden am besten mit zweiteiligen Türen versehen. Dadurch ragt die geöffnete Tür nicht so weit in den Raum hinein, was andernfalls als störend empfunden wird.

Unten an der Ofentür sollte sich keine Kante befinden, der Rahmen ist bündig in die Ofensohle einzuarbeiten. Den Grund würden Sie ganz schnell wahrnehmen: Beim Herausziehen der Asche und später der Brote, stört an dieser Stelle jede Bodenerhebung. Ebenso ungünstig erweisen sich unmittelbar unterhalb der Tür angebrachte Einbauten wie Ablageflächen und Simse. Neben Asche fällt und rinnt Ihnen mit der Zeit alles Mögliche darauf und das sieht unschön aus.

Die Ofentür kann so ziemlich das teuerste Bauteil des gesamten Ofens werden, muss es aber nicht. Mit etwas handwerklichem Geschick lässt sich ein Rahmen aus Winkeleisen anfertigen. Die Ecken werden mit Hilfe eines Elektroschweißgerätes verbunden. Für das Türblatt verwendet man ein massives, etwa 4 mm dickes Stahlblech. Auf der Innenseite sollte noch eine doppelte

3.9.3
Industriell hergestellte gusseiserne Ofentür

3.9.4
Große Türöffnungen erfordern meist eine zweiflüglige Ofentür.

3.9.5
Eine kostengünstige Holztür; innen mit Blech beschlagen hält sie recht lange. Allerdings fehlt eine Zugregulierklappe.

3.9.6
Tür mit doppelter Wand. Der Hohlraum wurde mit Lehm aufgefüllt.

3.9.7
Ganz ohne Rahmen, das massive Stahlblech wird passgenau eingesetzt.

3.9.8
Hier fehlt die Zuluftklappe!

3.9.9
Eine dicke Holztür, innen mit Lehm bestrichen, hält der Hitze lange stand.

3.10.1
Im „Fuchs" eingebauter Schieber.

3.10.2
Über eine Kette von der Ferne regulierbare Abluftklappe.

Wand eingebaut werden. Der Zwischenraum wird mit Lehm oder Sand ausgefüllt. Ohne diese Füllung kann die Hitze des Feuers die Tür zum Glühen bringen. Wer es gern farbig mag,

streicht die Tür mit einem Einbrennlack. Vorsicht, nur außen anbringen und beim ersten Anheizen auf das Backen verzichten, denn die Dämpfe sind giftig.

Damit der Rahmen auch am Ofen hält, bekommt er Stahlbänder aus Flachstahl, die in den Ofen hinein ragen. Damit wird verhindert, dass die geöffnete Ofentür herauskippt.

Denken Sie bei Ihrem Tun an die lichte Weite - also die verfügbare Arbeitsbreite bei geöffneter Tür. Da muss mindestens Ihr vorhandenes Backblech hindurch passen, ohne zu verkanten. Stellen Sie sich ein Blech voller Weihnachtsplätzchen vor, das sich nur schräg hinein schieben lässt ...

Das üblicherweise verwendete Backblech im Küchenherd ist auf der schmalsten Seite 38 cm breit. Demzufolge soll die lichte Weite der Backofentür mindestens 40 cm betragen.

3.10 Rauchgasregulierung mit dem „Fuchs"

An einer Stelle des Backofen-Innenraums müssen die Rauchgase austreten. Direkt hinter dem Brennraum befindet sich der Übergang zum Schornstein. Er sollte der tiefste Punkt im Backraum sein. Der Grund: Die Flammen werden so gezwungen, ihren Weg über die komplette Länge des Backraumgewölbes entlang und am hinteren Ende nach unten zu nehmen. Durch den längeren Weg wird die Verweildauer der Flammen verlängert, was eine bessere Energieausbeute zur Folge hat. Solche Öfen werden auch als unterzügige Öfen bezeichnet. Nach dem Eintritt der Flammen in das Abgasrohr muss noch ein Rauchgasregulierungsschieber eingebaut werden. Dieser Teil des Abgaskanals, der nicht mehr Teil des Feuerraumes ist und in dem sich die Drosselklappe befindet, wird „Fuchs" genannt. Woher der Name stammt, ist nicht gesichert. Vielleicht beruht er darauf, dass dieses hintere Bauteil im Verhältnis zum Ofen wie ein Fuchsschwanz aussieht.

Die Rauchgasregulierklappe erfüllt die Funktion, den Backraum während des Backvorganges zu schließen, damit die Wärme nicht so schnell entweichen kann.

Der Ofenbaufachhandel liefert verschiedene vorgefertigte Klappen, die im Rauchrohr integriert sind.

Wer das Geld sparen und eine solche Klappe selbst konstruieren möchte, sollte Folgendes beachten:

- Die Klappenstellung muss von Außen am Griff erkennbar sein.
- Die Klappenstellung darf sich nicht von selbst verstellen.
- Sie dürfen sich am Klappengriff nicht die Finger verbrennen.

Einfache Schieber lassen sich aus einer alten Bodenplatte oder einer großen Fliese herstellen. Die Platte wird in einen Schlitz geschoben, der sich im Fuchs befindet. Allerdings ist die Haltbarkeit sehr begrenzt. Die hohen Temperaturen lassen diese Platten schnell zerspringen, deshalb sollten sie nur ein Notbehelf sein. Besser ist ein Schieber aus massivem Stahl oder eine im Ofenrohr eingebaute Klappe.

3.10.3
Gemauerter „Fuchs" zwischen Backofen und Schornstein

3.10.4
Diese spezielle Klappe lenkt die heiße Abluft wahlweise in zwei unterschiedliche Kanäle.

3.10.5
Kompakte Abluftklappe, Marke Eigenbau

3.11 Schornstein

3.11.1
Zuluft und Abluft-Prinzip

3.11.2
Eine einzige Öffnung für die Zu- und Abluft

3.11.3
Eine kleine Öffnung sorgt für Zuluft. Die Abluft entweicht durch den Schornstein.

Die Ansichten darüber, wie der Schornstein am Backofen beschaffen sein soll, fallen sehr unterschiedlich aus, außer man fragt den Schornsteinfegermeister. Der hat eine fundierte Meinung. Bei unseren Recherchen mussten wir feststellen, dass bei vielen selbstgebauten Hausbacköfen der Schornstein stiefmütterlich behandelt wurde. Manchmal wurde er ganz weggelassen und die Abgase entwichen einfach aus einer hinteren Öffnung oder über die Backofentür. Tatsächlich fallen dem Schornstein aber zwei ganz wesentliche Aufgaben zu. Zum einen soll er die Abgase aus dem Verbrennungsraum über die Köpfe der Backfreunde ableiten. Das ist deshalb so wichtig, weil mit dem Rauch viel Kohlendioxid in die Umgebungsluft gelangt, das in großer Menge für den Menschen gesundheitsschädlich ist. Zum anderen soll der Schornstein so viel Auftrieb erzeugen, dass im Verbrennungsraum genügend Unterdruck entsteht, um die notwendige Verbrennungsluft anzusaugen.

Der Unterdruck wird durch die Gewichtsunterschiede der heißen Gase im Schornstein und in der Außenluft erzeugt. Voraussetzung dafür ist ein ausreichender Querschnitt. Ein zu großer Querschnitt (wenn man den jemals erreichen sollte) ist weniger problematisch. Er lässt sich durch Verengungen leicht drosseln.

Umgekehrt ist das schon schwieriger. Wer eine feste Feuerstätte im Haus errichtet, muss dazu die Richtlinien zur Berechnung der Schornsteinabmessungen nach DIN EN 13384-1 und -2 beachten. Wenn der Schornstein nicht richtig zieht, kommen meist zwei Gründe in Betracht:

- *Der Querschnitt des Zuges ist zu gering.* Das Rauchrohr sollte für unsere Zwecke mindestens einen Durchmesser von 180 mm haben. Es muss dicht mit den Formsteinen des Backraumes und des Schornsteins verbunden werden. Um Spannungen und Risse durch Wärmeausdehnungen zu vermeiden, führt man das Rauchrohr im Schornstein in ein Kaminfutter ein. Der Schornsteinquerschnitt sollte dann noch etwas größer sein. Mauert man z.B. einen einzügigen Schornstein aus fünf Ziegelsteinen pro Schicht (siehe Abb. 3.11.4) erhält man einen 20% größeren Querschnitt.
- *Der Schornstein ist zu kurz.* Eine einfache Faustregel besagt, dass die Schornsteinhöhe mindestens zwei Meter über dem Boden des Verbrennungsraumes liegen soll. Besser sind jedoch drei Meter, erst da entwickelt sich ein guter Auftrieb der Verbrennungsluft. Weil ein hoher Schornstein nicht in jedem Fall schön aussieht, kann man auf einen kleinen konstruktiven Trick zurückgreifen. Sie können ein Teilstück auch waagerecht verlegen. Allerdings muss es freiliegend verbaut werden, damit es Wärme abgeben kann. Bis vier Meter waagerecht liegende Rauchrohre sind im Allgemeinen zulässig. Das funktioniert allerdings nur, wenn sich

3.11.4
Einzügiger Schornstein, gemauert aus 5 Ziegelsteinen pro Schicht; versetzt angeordnet, links die 1. Schicht, rechts die 2. Schicht

daran pro Meter mindestens zwei Meter Schornsteinhöhe anschließen. Ein so verlegtes Rauchrohr wird sehr heiß. Achten Sie im Innenbereich unbedingt auf Abstände zu Holzkonstruktionen wie Holzdecken, -balken und –böden! Außerdem sollte das Rauchrohr so gesichert werden, z.B. durch ein Gitter, dass sich niemand

3.11.5 Vorgefertigtesr Übergangsstück vom Ofen in den Schornstein, mit Rauchregulierungsklappe und Kondenswasserabfluss.

3.11.6 bis 3.11.8 Verschiedene Schornsteinbauarten

3.11.9 Gute Variante zur Vermeidung von Spannungsrissen zwischen Ofen und Schornstein durch konsequenter Trennung.

3.11.10 Dieser Schornstein wurde mit Steinen verziert.

3.11.11
Die „Meidinger Scheibe" verhindert das Eindringen von Regenwasser in den Schornsteinschacht.

3.11.12
Die formschöne „Napoleonhaube" lässt auch kein Regenwasser in den Schornstein eindringen.

3.11.13 *oben rechts*
Dieser Kugel-Windventilator „Madac" kann einen zu geringen Zug unterstützen.

3.11.14 *oben links*
Ein Gitter um das heiße Rauchrohr schützt nicht nur Kinderhände vor Verbrennungen!

3.11.15 *Mitte links*
Herkömmliche Reinigungsöffnung aus Beton. Dahinter verbirgt sich noch ein zweiter Türeinsatz.

3.11.16 *unten links*
Moderne Reinigungsöffnungen sind dicht, heraussickerndes Regenwasser hinterlässt unschöne Spuren.

3.11.17 *oben rechts*
Rissbildung an einem Schornstein, der zu früh (in der Bauphase) angeheizt wurde.

die Finger daran verbrennen kann. Abb. 3.11.14 zeigt ein Rauchrohr unter einem überdachten Raum, oben staut sich die abgegebene Wärme etwas. Da bietet es sich an, dort den noch gärenden Teig zu lagern. Damit sich niemand die Finger verbrennt, ist hier zum Schutz ein Drahtgitter (Kaninchendraht) angebracht.

Achtung: Zu lange Rauchrohre sind gefährlich! Dadurch wird der Rauch zu sehr abgekühlt. Beim Verbrennen von Holz gelangt sowohl die Restfeuchte des Holzes als auch das in der Frischluft enthaltene gebundene Wasser in den Schornstein. Liegt die Temperatur des Rauches beim Eintritt in den Schornstein unter 130 - 150°C, beginnt das Wasser an den Schornsteinwänden zu kondensieren. Ruß, Teer und jede Menge Kondenswasser setzen sich an den Innenwänden ab. Der Schornstein „versottet", erkennbar an dunklen, nassen Flecken am Außenmauerwerk. Das kann so weit führen, dass beim nächsten kräftigen Anheizen die Flammen den Ruß entzünden. Durch solche Schornsteinbrände sind schon ganze Häuser niedergebrannt!

Nebenbei: Das ist auch ein Grund, warum der Schornsteinfegermeister mindestens zweimal im Jahr den Hausschornstein kehrt. Damit der Ruß auch aus dem Schornstein entfernt werden kann, wird eine Reinigungsöffnung benötigt. Diese wird mindestens 20 cm unterhalb des Rauchrohranschlusses eingebaut und sollte ein lichtes Maß von mindestens 10 cm x 18 cm erhalten. Der Verschluss der Reinigungsöff-

nung muss aus nicht brennbarem Material bestehen und dicht schließen.
Bei Backöfen im Außenbereich ist ein Schornsteinaufsatz nicht notwendig. Er kann jedoch verhindern, dass Regenwasser in den senkrechten Schacht eindringt. Der gesamte Kamin wird geschützt und die Haltbarkeit verlängert. Es gibt raffinierte Aufsätze, die sogar drehbar (je nach Windrichtung) gelagert sind bis hin zu rotierenden, vom Wind angetriebenen Ventilatoren. Letztere können den Zug durch Absaugen unterstützen (Abb. 3.11.13).

Um zu prüfen, ob der Schornstein richtig „zieht“, wird etwas Papier angezündet und in den Backraum gelegt. Die Flamme muss sich in Richtung des Schornsteines neigen. Steigt die Flamme senkrecht nach oben, ist der Zug zu schwach. Im Sommer kann es passieren, dass bei drückender Sommerschwüle die Luftzirkulation im noch unbenutzten Schornstein stockt. Dann entzündet man zunächst in der Reinigungsöffnung mit einem Bogen Zeitungspapier ein kleines Lockfeuer, das den Brennvorgang beschleunigt.

3.12 Fundament

Während in den vorhergehenden Abschnitten der Bau des Ofens beschrieben wurde, wollen wir uns jetzt dem Unterbau widmen. In der einfachsten Form wird der Backofen im Freien auf den Erdboden gesetzt. Dazu bedarf es keiner weiteren Erläuterung. Nachteilig ist nur die Arbeitshöhe. Alles befindet sich ebenerdig. Das heißt, das Anheizen und das Backen erfolgen in gebückter Haltung. Auf Dauer ist dies anstrengend. Manchmal bietet das Gelände die Möglichkeit, den Ofen auf eine natürlichen Erhöhung oder auf eine terrassierte Fläche zu setzen. Achten Sie darauf, dass sich in der Nähe keine brennbaren Materialien befinden. Vor allem vor der Ofenöffnung, dort, wo die heiße Asche gezogen wird, ist eine nichtbrennbare Unterlage vorgeschrieben. Dazu reichen zum Beispiel eine Stahlplatte oder Pflastersteine, im Innenbereich ein gefliester Keramikboden oder eine speziell im Handel dafür angebotene Glasplatte.
Fehlt eine natürliche Erhebung, müssen wir einen Sockel errichten. Dieser wird üblicherweise aus Steinen gemauert. Damit alles ordentlich hält, benötigen wir darunter ein kleines Fundament.

Während im Hochbau alles vorher statisch genau ausgerechnet wird, dürfen wir das bei unserem kleinen Bauwerk ausnahmsweise vernachlässigen.
Es gibt zwei Fundamentvarianten, die sich für den Ofenbau eignen, entweder ein Streifenfundament oder eine Bodenplatte.

Das **Streifenfundament** ist ein im Erdreich eingebautes streifenförmiges Betonfundament. Der Vorteil liegt darin, dass dieses Fundament an allen Stellen

3.12.1 bis 3.12.4
Bau eines Streifenfundamentes: Für das Streifenfundament wurde in das senkrecht ausgestochene Erdreich Beton eingebracht, oberhalb der Erde zwischen eine Holzschalung. Die Schalung muss stabil sein, damit der Beton auch festgestampft werden kann.
Zur Verstärkung werden Bewehrungseisen im unterem Drittel des Streifenfundamentes eingebracht (3.12.3)
Vor dem Aufmauern wird zwischen dem Betonstreifen und den Mauersteinen eine Horizontalsperre aufgelegt (3.12.4).

annähernd gleichmäßig belastet wird. Es wird etwas unterhalb der Frostgrenze gegründet, so dass es kaum anfällig für die Temperatureinflüsse ist, die der Sommer-Winter-Wechsel mit sich bringt. Dafür ist seine Herstellung etwas aufwendiger. Auch wird mehr Beton verbaut als bei einer Bodenplatte. Praktisch wird ein Graben, ca. 40 cm breit (für 24er Mauerwerk) und mindestens 80 cm tief ausgehoben. Die Fundamentfläche für den Schornstein wird etwas großzügiger bemessen, da der aufgemauerte „Ziegelturm" größere Lasten in das Erdreich einträgt. Das Einbringen von Bewehrungseisen bringt eine zusätzliche Stabilität
Für unser kleines Bauvorhaben ist das nicht zwingend erforderlich. Bis in die 50er Jahre des letzten Jahrhunderts wurden ganze Häuser auf Streifenfundamente ohne Bewehrungseisen gestellt. Problematisch wurde es jedoch da, wo der Untergrund nachgab. Für unser verhältnismäßig kleines Bauwerk reichen schon größere Granit- und Feldsteine zur Verstärkung. Diese müssten allerdings von loser Erde und Schmutz befreit und mit Wasser gereinigt werden. Danach werden sie einzeln in das Fundament eingelassen. Die Steine müssen vollflächig vom Beton umschlossen sein, ohne Hohlräume zu erzeugen. Eine höhere Festigkeit erreicht man zusätzlich durch das Einstampfen des Betons. Dazu muss man mit einem Kantholz oder einem schweren Vorschlaghammer kontinuierlich in den Beton stampfen. Besser ist natürlich die Verwendung einer Rüttelflasche zur Verdichtung.

Eine **Bodenplatte** als Fundament wird entsprechend den Außenmaßen des Backofensockels bemessen, zuzüglich etwa 10 cm in Länge und Breite. Der Vorteil liegt in der einfachen und schnellen Schalungsweise. Ein größerer Erdaushub entfällt. Der Arbeitsaufwand ist geringer als bei einem Streifenfundament. Nachteilig kann sich die ungleichmäßige Kraftverteilung durch den Sockelaufbau auf das Fundament auswirken. Daher ist hier sehr sorgfältig zu arbeiten, sonst können Risse und Brüche die Folge sein. Bevor die Schalung auf das Erdreich gesetzt wird, sind die obere Grasnarbe und die humusreiche Schicht zu entfernen. Der Untergrund muss sehr eben und fest sein. Am besten man rammt ihn vorher ab. In die Bodenplatte müssen Bewehrungseisen in Form einer Stahlmatte eingelegt werden. Diese soll später im unteren Drittel der Betonplatte liegen. Zur Erhöhung der Betonfestigkeit ist das Fundament mit einer Rüttelplatte abzuziehen oder per Hand mit einem Stampfer zu verdichten. Das geht nur, solange der Beton noch frisch und erdfeucht ist. Ist er einmal abgebunden (erhärtet), lässt er sich nicht mehr verdichten. Die volle Festigkeit, und damit die maximale Belastbarkeit, erreicht Beton erst nach 28 Tagen!

3.12.5
Ein Plattenfundament muss nicht tief gegründet werden.

3.12.6
Eine Abdeckfolie schützt den frischen Beton vor direkter Sonneneinstrahlung.

Bei beiden Fundamentarten ist darauf zu achten, dass die Fundamentoberfläche waagerecht ausgerichtet ist. Die Fundamente sollen an allen Stellen die gleiche Mächtigkeit (Dicke) aufweisen und der obere Abschluss sollte planeben sein.

Seit 2003 gibt es die neue Betonnorm DIN EN 1045. Wer früher damit zu tun gehabt hat, wird feststellen, dass sich viele Bezeichnungen gegenüber der alten DIN 1045 geändert haben. Da die Angaben für den Laien nicht einfach zu deuten sind, hier die Erklärung dazu: Die Festigkeitsklassen werden jetzt in C (früher B) angegeben. Hinter dem C stehen zwei Werte. Der erste Wert steht für das Festigkeitsergebnis, geprüft an einem Betonzylinder, der zweite Wert für das Druckergebnis, geprüft an einem Betonwürfel. Bei dieser Kennzeichnung werden die unterschiedlichen Prüfverfahren berücksichtigt, weil sie unterschiedliche Werte ergeben. Aus der alten Bezeichnung B15 ist jetzt zum Beispiel die Bezeichnung C16/20 geworden. Ebenfalls neu ist die Berücksichtigung der Einwirkungen durch Frost, Salz oder Chemikalien. Diese Belastungen werden in unterschiedliche Expositionsklassen eingeteilt und mit Buchstabenkürzel gekennzeichnet. Dafür wurden wieder die alten Bezeichnungen von vormals 1988 für die Konsistenzklassen aktiviert. Wenn auch mit zwei zusätzlichen Bereichen. Der erste Kennbuchstabe (C) gibt das Verdichtungsmaß an und der zweite Kennbuchstabe (F) das Ausbreitungsmaß. So ist C1 F1 ein sehr steifer Beton und C3 F3 ein sehr weicher, jedoch noch nicht fließfähiger Beton.

Für beide Fundamente können wir die gleiche Betonsorte nutzen. Wenn Sie den Beton bestellen, empfehlen wir Ihnen Beton folgender Güte:

XC2 Expositionsklasse Bewehrung (Korrosion, ausgelöst durch Carbonatisierung)

C16/20 Gibt die Druckfestigkeit in N/mm² an

F4 Ist die Konsistenzklasse (sehr weich)

32 mm Größtkornangabe,die größten Steine haben einen Durchmesser von 32 mm

Natürlich kann der Beton auch von Hand hergestellt werden. Wollen Sie die Güteklasse erhalten, müssen Sie dazu vorgemischten Trockenbeton in Säcken einkaufen und das Wasser selbst zumischen. Ohne Güteklasse geht es für unser kleines Bauwerk aber auch. Mit der alten Faustregel „Vier Schaufeln Sand, eine Schaufel Zement und nur so viel Wasser, bis sich das Gemisch erdfeucht anfühlt" erreicht man einen haltbaren Beton. Unerlässlich ist dabei die Verwendung eines kleinen Betonmischers oder eines Rührwerkes. Ein frisch gegossenes Fundament ist grundsätzlich vor Zugluft, direkter Sonneneinstrahlung und Regen zu schützen. Zu schnelles Austrocknen erzeugt Risse im Beton. Aus diesem Grund soll-

3.12.7
Auch in ein Plattenfundament werden Bewehrungseisen zur Verstärkung eingebracht. Damit die einzelnen Rundstäbe der Bewehrungsmatte nicht verrutschen, werden sie mit Bindedraht arretiert.

3.12.8
Das Fundament trägt das Gesamtgewicht und muss kräftiger ausgeführt werden als die Grundplatte oben.

3.12.9
Ob Estrich, Putz oder Beton – eine Mischmaschine erleichtert das Anrühren.

te das Fundament mit einer Folie abgedeckt werden. Im Hochsommer wird das Fundament zusätzlich mehrmals mit einer Gießkanne oder einem Wasserschlauch besprüht. Wird der Beton feucht gehalten, so schadet das nicht, da der eigentliche Abbindeprozess auch „unter Wasser" funktioniert.

Kein Muss, aber eine nette Geste ist das Einbringen einer Botschaft. Nehmen Sie eine Flasche oder ein Reststück Abwasserrohr, das auf beiden Seiten verschlossen wird. Darin lassen sich allerhand Zeitzeugnisse einlagern. Zum Beispiel eine Tageszeitung, ein Werbekatalog, Münzen, ein selbst verfasster Brief, Fotos usw. Sie können natürlich auch im Sinne unseres Zeitgeistes einen USB-Stick (ohne Batterien), auf dem Dokumente gespeichert sind oder eine Fotokarte beilegen. Es sind immer Zeitzeugnisse unseres jetzigen Lebens. Legen Sie das alles unter die Fundamentsohle, nicht in den Beton. Die Chance, zerstörungsfrei gefunden zu werden, ist größer. Die Autoren haben ihre Botschaft immer unter das Schornsteinfundament gelegt. Vielleicht wird es eine der übernächsten Generationen finden. Sie machen damit unseren Nachfahren eine Freude und werden selbst ein bisschen unsterblich.

3.13 Sockel, Unterbau

Auf dem Fundament kann nun der Sockel errichtet werden. Damit im Mauerwerk keine kapillare Feuchtigkeit aufsteigt, verlegt man eine Horizontalsperre. Dazu wird zunächst eine Lage Bitumenbahn (oder Kunststoff) aufgelegt. Dann kann gemauert werden. Jetzt ist Einfallsreichtum gefragt, wie der Sockel aussehen soll. Der Unterbau kann je nach Baumaterial, handwerklichem Geschick und Phantasie ausgeformt werden. Natürliche Materialien wie Sandstein, Granit oder Feldstein können ebenso verarbeitet werden wie Ziegelsteine. Da sich der Raum unter dem Backofen gut nutzen lässt, sollten Öffnungen im Unterbau nicht vergessen werden.

Beim Mauern mit Formsteinen ist Folgendes zu beachten:

- An den Stoßstellen dürfen nicht mehr als drei Fugen zusammentreffen.
- Keine Stoßfuge darf durch mehr als zwei Schichten gehen.
- Die Zwischenräume sollen weitestgehend gleichmäßig ausgebildet und komplett ausgefüllt werden.
- Große Zwischenräume sind mit Mörtel und kleinen Steinen auszufüllen.
- Spätestens nach zwei Läuferschichten muss eine Schicht mit Bindersteinen gesetzt werden.

3.13.1
Sockelbau: Steine lassen sich mit einer Trennschneidmaschine oder einem Winkelschneider zerteilen.

3.13.2
Liegt das Fundament ebenerdig, verhindert eine Horizontalsperre in der 1. Schicht aufsteigende Feuchtigkeit.

- Alle Lagerfugen sind waagerecht, alle Stoßfugen lotrecht auszurichten.

Problematisch sind Mauerkonstruktionen aus mehreren Materialien. Das unterschiedliche Ausdehnungsverhalten der verschiedenen Stoffe kann unter der Einwirkung von Sommerwärme und Winterfrost zu Rissbildungen führen. Insbesondere wenn Sie nachträglich die Wandfläche verputzen, ist von einem Materialmix abzuraten.

Unabhängig vom verwendeten Material muss das Mauerwerk das Bauwerk, d.h. den Ofen, tragen können. Es handelt sich in der Fachsprache um eine „tragende Wand". Tragende Wände dürfen nach DIN 1053-100 nicht dünner als 24 cm sein. Um eine solche Mauerdicke zu erreichen, eignen sich doppelformatige Mauersteine. Sind nur normalformatige Ziegel vorhanden, mauert man meist im Verband. Es gibt viele Möglichkeiten, einen Verband zu mauern. Zwei recht einfach herzustel-

3.13.3
Mauersteine müssen satt im Mörtel liegen, damit sie eine feste Verbindung eingehen.

3.13.4
Regelmäßiges Messen und Prüfen ist unerlässlich – sonst wird der Sockel schief!

3.13.5
Kleinere Mengen Beton, bis etwa 0,4 m³, kann man allein verarbeiten.

3.13.6
Auch Säulen unter einer Grundplatte können einen Ofen tragen – solange keine seitlichen Schubkräfte wirken.

3.13.7
Kleiner Backofen im Freien unter einem Dach stehend mit viel Stauraum für Holz im Sockelbereich.

3.13.8
Sockel aus 4 Formsteinen, die gleichzeitig Raum für Ablage bieten.

	**Blockverband** Beim Blockverband werden die Läuferschichten (grün) und die Binderschichten (rot) abwechselnd vermauert. Die gelb dargestellten Steine sind auf ¾ eingekürzte Ziegel.
	**Märkischer Verband** Bekannt auch als „Kirchenverband" oder in Norddeutschland als „Wendischer Verband". In der Läuferschicht (grün) werden abwechselnd Binder (rot) eingebracht. Die gelb dargestellten Steine sind auf ¾ eingekürzte Ziegel.

3.13.9
Wie eine ummantelte Tonne sieht dieser Sockel aus.

lende Verbände sind der Blockverband und der Märkische Verband. Bei beiden Verbänden beginnt man zweckmäßigerweise mit einer Binderschicht. Danach kommt die Läuferschicht. Beim Blockverband wechseln Binder- und Läuferschichten einander ab. Beim Märkischen Verband dagegen wechselt sich ein Läufer mit zwei Bindern in regelmäßigen Abständen ab. Das ergibt eine attraktive Ansicht. Um das Fugenmuster einzuhalten, beginnt man in der Binderschicht mit einem ¾ Stein.

Bleibt das Mauerwerk unverputzt, sollten für den Außenbereich unbedingt Klinkerziegelsteine verwendet werden. Solch ein Mauerwerk wird Sichtmauerwerk genannt. Es erfordert eine sehr akkurate und saubere Verarbeitung. Die Lager- und Stoßfugen müssen sehr gleichmäßig ausgeführt werden. Mit der Wasserwaage werden regelmäßig während der Ausführung alle Kanten und Flächen kontrolliert, andernfalls sieht das Mauerwerk nicht attraktiv aus. Der während der Verarbeitung abfließende Mörtel ist unverzüglich mit einem trockenen Tuch zu entfernen.

Durch den Sockelbau entsteht unter dem Ofen ein Hohlraum. Dieser Raum kann sehr nützlich sein, z.B. zum trockenen Lagern von Brennholz. Mit Kissen und Decken ausgepolstert ergibt der Stauraum aber auch eine wunderschöne Höhle zum Spielen für Kinder (Abb. 3.13.14). Die vordere Überbauung wird zweckmäßigerweise so gestaltet, dass heiße Asche aus dem Ofen direkt in eine etwas darunter geschobene Schubkarre fallen kann.

3.13.10 Sockel aus Sandsteinquadern.

3.13.11 Ein Unterbau aus vollflächig vermauerten Ziegelsteinen.

3.13.12 Hier spart die natürliche Geländeerhöhung den Unterbau.

3.13.13 Sockelbau aus Hochlochziegeln.

3.14 Öffnungen, Stürze, Bögen

Was sieht schöner aus, ein Betonsturz oder ein gemauerter Ziegelbogen? Welch eine Frage! Natürlich kommt es auf den Verwendungszweck an. Mit einem handelsüblichen Betonsturz lässt sich schnell eine Öffnung überbrücken. Da, wo man nicht hinschaut, ist das in Ordnung. Im Sichtbereich dagegen kann ein gemauerter Bogen ein echter Blickfang werden. Doch wie hält so ein Bogen? Mauerbögen greifen in das seitliche Mauerwerk ein und tragen die Lasten seitlich ab. Dabei verlagern sich die senkrecht wirkenden Kräfte umso stärker nach außen, je flacher der Bogen ausgeführt wird.

Der klassische **Rundbogen** wird in der Architektur als romanischer Bogen bezeichnet. Er beschreibt eine halbkreisförmige Wölbung, so wie man ihn mit einem Zirkel zeichnet. Rundbögen leiten die auf ihnen lastenden Druckkräfte überwiegend senkrecht nach unten ab. Der Rundbogen ist daher die ideale Form für unser Ofengewölbe. Er benötigt seitlich stabile Auflageflächen und nur geringe Widerlager. Nur bei sehr großen Kräften auf die Bogenmitte (die beim Backofen i.d.R. nicht vorkommen) bricht der Bogenscheitel nach innen ein.
Eine besondere Stellung nimmt der gotische Spitzbogen ein, der als stark überhöhter Bogen oben spitz zuläuft. Die Druckkräfte werden noch besser als beim Rundbogen nach unten abgeleitet. Werden die seitlichen Mauern dick genug gemauert, trägt der Spitzbogen sich selbst. Allerdings wird die Öffnung sehr hoch. Bei einem kleinen Bauwerk ist die nötige Höhe meist nicht vorhanden.

Der **Segmentbogen** beschreibt ebenfalls wie der Rundbogen einen Halbkreis, jedoch besteht er nur aus einem Bogenausschnitt. Dieses Teilstück (Segment) ist kleiner als ein Halbkreis und gibt dem Bogen seinen Namen. Nachteilig ist der größere Seitenschub. Sowohl die Eigenlast als auch die zu tragende Last werden überwiegend seitlich abgeleitet. Hier sind kräftige Widerlager notwendig. Vorteilhaft ist jedoch die recht flache Bauweise. Der Bogen benötigt in der Höhe nur etwa 1/12 der Öffnungsbreite.

Noch flacher geht es nur noch mit einem **scheitrechten Bogen**. Er benötigt nur etwa 1/50 der Öffnungsbreite als Überhöhung. Der scheitrechte Bogen gleicht einem Türsturz, da die Wölbung kaum noch wahrzunehmen ist. Er wird auch als **Stich- oder Flachbogen** bezeichnet. Mit dieser Konstruktion können zwar keine großen Spannweiten

3.13.14
Im Sockel des Backofens gibt's den schönsten Platz zum Verstecken.

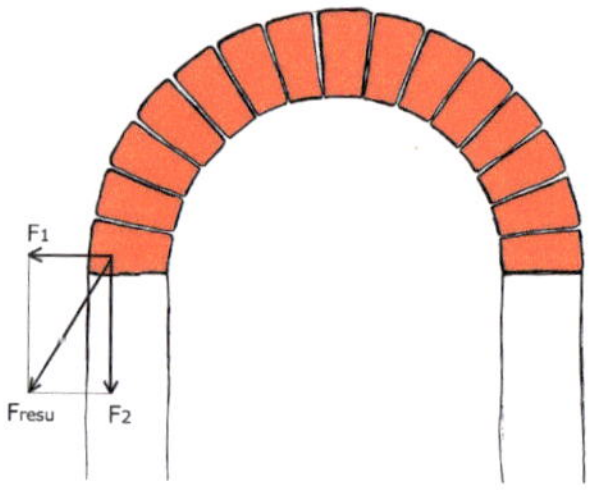

3.14.1 Rundbogen mit Kraftwirkung

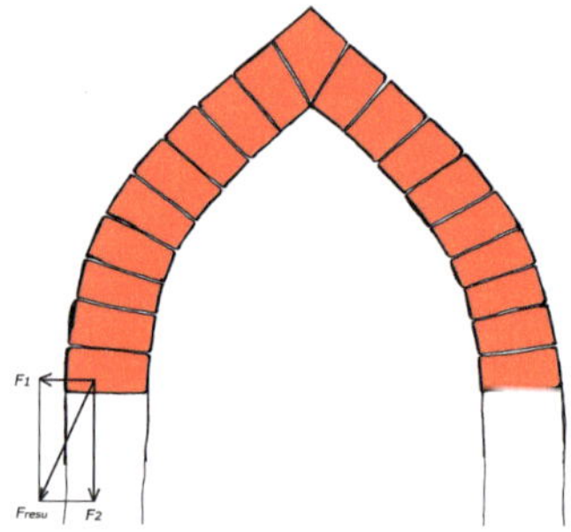

3.14.2 Spitzbogen mit Kraftwirkung

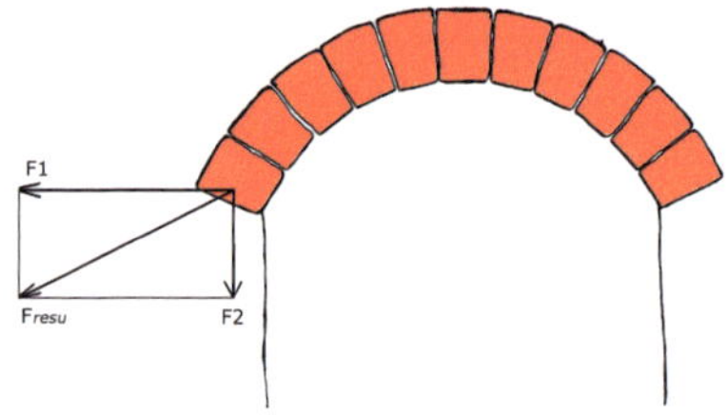

3.14.3 Segmentbogen mit Kraftwirkung

3.14.4
Aufbau eines Rundbogens aus Stein.

3.14.5
Dieser Spitzbogen entstand unbeabsichtigt. Der Bauherr verwendete die falschen Kanalklinkersteine (für ein anderes Bogenmaß). Doch weil es schön aussah, blieb es so.

3.14.6
Übergang des Segmentbogens zum Sockel.

überbaut werden, dafür wird die Größe der Öffnung sehr minimiert. Deshalb werden scheitrechte Bögen sehr häufig im Feuerungsbau eingesetzt. Geschickte Baumeister arbeiten zudem die Keilsteine so zu, dass eine waagerechte Unterkante entsteht. So lassen sich quadratische Feuerungstüren einbauen. Teilweise erkennt man diese Bögen nur noch an dem keilförmig zugeschnittenen Schlussstein. Wichtig sind bei einer solchen Konstruktion kräftige Widerlager, denn die seitlichen Schubkräfte sind hoch.

Wie die Kräfte einer Bogenkonstruktion wirken, lässt sich durch ein kleines Experiment leicht veranschaulichen. Halten Sie eine Kette in Ihren Händen. Frei hängend beschreibt die Kette die Idealform eines Bogens mit gleichmäßiger Lastverteilung. Lassen Sie nun durch eine zweite Person ein Gewicht einhängen, verändert sich die Form zum Spitzbogen. Gleichzeitig spüren Sie in Ihren Händen zwei Kräfte zunehmen: Das Gewicht, das nach unten zieht und die Kette, die Ihre Arme nach innen zieht. Öffnen Sie anschließend langsam die Arme und Sie können zusätzlich Folgendes beobachten: Die Gewichtskraft zur Erde hin bleibt immer gleich. Die seitlichen Zugkräfte nehmen jedoch zu, je weiter Sie Ihre Arme öffnen. Nun brauchen Sie sich den Bogen nur verkehrt herum vorstellen und bekommen einen Blick für die Kraftverteilung eines Bogens. Wobei allerdings die Zugkräfte zu Schubkräften werden, also den Bogen „auseinander schieben".

3.14.7
Waagerechte Unterbauöffnung mit Betonsturz.

	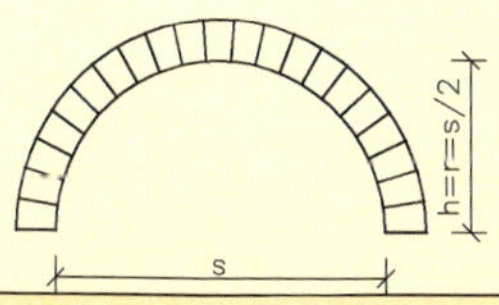			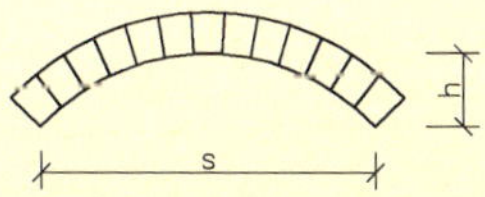			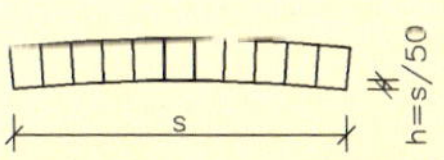		
Spannweite	**Rundbogen**			**Gedrückter Bogen**			**Flachbogen**		
cm	Stichhöhe cm	Steinmenge	Radius cm	Stichhöhe cm	Steinmenge	Radius cm	Stichhöhe cm	Steinmenge	Radius cm
44	22	12 HW	22	6,3	8 HW	41,6			
46	21,6	12 HW	23	9,2	7 NF	43,4			
48	24	13 HW	24	7,2	7 NF	43,6			
50	25	14 HW	25	7,1	7 NF	47,3	1	7 NF	313
52	25,5	14 HW	26	9,8	8 NF	39,2	1	7 NF	325,5
54	27	15 HW	27	9	8 NF	45			
56	27,5	15 HW	28	11,2	11 HW	40,6			
58	29	16 HW	29	11,6	9 NF	42	1,2	8 NF	353
60	28,8	16 HW	30	12	9 NF	43,5	1,2	8 NF	375
62	31	17 HW	31	10,3	9 NF	51,7			
64	30,7	17 HW	32	10,7	9 NF	53,3	1,3	9 NF	400,6
66	33	18 HW	33	12,5	10 NF	49,7	1,3	9 NF	413,2
68	32,64	18 HW	34	10,2	10 NF	61,8	1,4	9 NF	425,7
70	35	19 HW	35	11,7	10 NF	58,3			

HW = Halbwolber, konisch geschnittene Steine ,Maße b x h x l: unten 5,6, oben 7,2cm x, 12,4cm x 25cm
NF = Normalformatige (Ziegel-)steinmaße, .Maße b x h x l: 7,1cm x 11,5cm x 24cm
= Ohne Angaben, Gewölbe nicht möglich, da die Fugen zu groß bzw. zu klein werden. Abhilfe: Andere Steinformate nutzen.

Das Mauern von Bögen erfordert Erfahrung, viel Zeit und Geduld. Eine bogenförmige Lehre aus Holz oder Spanplatten ist dabei sehr hilfreich. Prinzipiell wird der Bogensturz immer aus einer ungeraden Zahl von Steinen hergestellt. Dies kann zum Einrücken der Widerlager um bis zu einem halben Stein führen. Die Steine sollten zunächst probeweise aufgelegt werden, um die theoretische Berechnung zu prüfen. Anschließend wird von außen nach innen wechselseitig gemauert.

Der Stein in der Mitte ist der Schlussstein und wird als letzter eingefügt. Wurde der Bogen korrekt ausgeführt, kann die untergebaute Schablone sofort entfernt werden. Ein geringfügiges Nachsacken im Moment des Entfernens ist normal, danach bewegt sich nichts mehr.

Die Berechnung eines Bogens erfordert einige mathematische Kenntnisse. Dabei sind einerseits die Steinmaße einzuberechnen, bei konisch geformten Steinen auch die Verjüngungen. Andererseits dürfen die maximal zulässigen Fugendicken nicht überschritten werden. Sie liegen bei der Leibung nach DIN 1053 bei maximal 0,5 cm und auf der Rückenlinie zwischen 1,2 und 2 cm. Um umfangreiche Berechnungen zu ersparen, lässt sich die obige Tabelle verwenden.

3.15 Tragende Grundplatte

Nach dem Aufbau des Unterbaus ergibt sich die Frage, wie der Sockel überspannt werden soll. Aus dem vorherigen Kapitel wissen wir, welche Möglichkeiten Bogenkonstruktionen bieten. Allerdings sind wir an praktische Maße gebunden. Der Rundbogen eignet sich recht gut. Der Spitzbogen wird für unsere Zwecke zu hoch und sowohl der Segmentbogen als auch der scheitrechte Bogen erfordern ein sehr kräftiges Widerlager, das wir in der Regel nicht haben. (Abb. 3.15.2).

Eine akzeptable Lösung bieten uns Stahlbeton-Hohldielen. Diese gibt es in verschiedenen Maßen von 0,8 m in 20 cm Schritten aufwärts bis zu einer Länge von 3 m (!). Damit lassen sich beachtliche Spannweiten überdecken. Üblicherweise sind die Stahlbeton-Hohldielen 33 cm breit. Wegen Unebenheiten im Betonbau ergeben drei solcher Dielen nebeneinander gelegt eine überdeckte Fläche von einem Meter Länge. Eine einzelne Stahlbeton-Hohldiele mit den Maßen (d x b x l) 10 x 33 x 140 cm wiegt knapp 90 kg. Das ist ein Gewicht, das zwei Personen noch bewegen können. Die Randbereiche der Betonelemente mussen Dehnungsbewegungen aufnehmen können. Sofern die Betondielen nicht frei liegen, sondern eingemauert werden, sind hier einige Millimeter Luftspalt zu belassen. Bewährt hat sich das Einlegen eines Dämmstreifens.

Die nebeneinander aufgelegten Elemente werden anschließend mit einer Mörtel- oder Betonmischung verfugt. So entsteht eine sehr stabile Grundplatte.

Etwas billiger ist die Herstellung einer selbst gegossenen Betonplatte. Die gewünschte Bodenfläche wird dazu mit Holzbrettern und Schaltafeln eingeschalt und kräftig abgestützt. Beton ist schwer!

Eine 2 m x 1,4 m große Platte mit 10 cm Dicke und einer Bewehrungsmatte bringt etwa 600 kg Gewicht auf die Waage. (Das ist das Gewicht eines Pkw Trabant. Moderne Autos wiegen heute das Dreifache). Damit die Betonplatte nicht nur sich selbst trägt, sondern auch den Backofen, muss der Beton mindestens 10 cm dick sein und mindestens aus der Festigkeitsklasse C 20/25 bestehen.

Zusätzlich ist ein Eisengitter aus Bewehrungsstahl notwendig. Warum? Nehmen Sie mal ein zugeschlagenes Telefonbuch in die Hand und lassen es leicht durchhängen. Oben werden die Seiten zusammengedrückt, unten dagegen gezogen. Ähnlich verhält sich die Betonplatte. Da jedoch Beton wesentlich mehr Druckkräfte aufnehmen kann als Zugkräfte, muss den Zugkräften durch Stahl entgegengewirkt werden. Das erklärt, warum die Bewehrungsmatte im unteren Drittel einge-

3.15.1
Gemauerte Sockelstützen mit tragender Grundplatte.

3.15.2
Ein Sockel mit Grundplatte entsteht. Der vorgesetzte Segmentbogen verdeckt die hintenliegenden Betondielen und täuscht so ein Bogengewölbe vor.

3.15.3
Der Sockelrahmen aus Ziegelsteinen bildet die Auflage für die Grundplatte aus Stahlbeton-Hohldielen.

gossen sein muss. Achten Sie darauf, dass die Bewehrungseisen nirgendwo herausschauen (mindestens 1 cm Betondeckung). Anderenfalls fängt das Eisen an zu korrodieren und zerstört den Beton (Rost bewirkt eine Volumenvergrößerung). Wird die Platte eingemauert, gilt es für den Randbereich das Gleiche zu beachten, wie oben bei den Stahlbeton-Hohldielen beschrieben.

3.16 Vorgefertigte Öfen, Bausätze

Neben dem kompletten Selbstbau ist es natürlich auch möglich, einen Backofen zu kaufen. Im Internet oder Ofenfachhandel sind eine Reihe von Angeboten zu finden, vom kompletten Fertigteil über Einbausätze bis hin zu zusammensetzbaren Formteilen. Auch haben sich einige Lehmbaubetriebe auf den Bau von Lehmbacköfen spezialisiert. Diese bieten neben liebevollem Zierrat und Schmuckelementen oft auch Empfehlungen zur späteren Nutzung der Öfen an. Gerade für Schulen und Kindergärten ist der Ofenbau mit einem Handwerker sinnvoll, denn die Handwerker besitzen fundiertes Fachwissen, das sie gerne weiterreichen. Gemeinsam mit Kindern und Jugendlichen lässt sich auf diese Weise sehr gut ein Lehmbackofen im Rahmen eines pädagogisch wertvollen Projektes errichten. Ganz nebenbei wird dadurch eine Menge Wissen vermittelt, das sich in den Unterrichtsstoff einflechten lässt, z.B. Mathematik, Physik, Deutsch, Kunsterziehung.

Wer sich keinen Ofen bauen lassen möchte, der findet vorgefertigte Öfen mit Untergestell oder Bausätze für die Ummauerung. Meist müssen nur noch die Schamottesteine selbst eingelegt und das Rauchgasrohr angesteckt werden. Das ist so einfach, dass dies jeder Laie ohne Vorkenntnisse beherrscht. Der Zeitaufwand beträgt etwa einen halben Tag oder mehr. Der Ofen ist sofort funktionsfähig. Die Firma Ramster (Adresse S. 93) zum Beispiel stellt solche Öfen her. Besonders schön sehen die Öfen aber erst aus, wenn sie ummauert werden (Abb. 3.16.1 bis 3.16.6). Der kleinste Ofen „Le Rond" reicht für ein Brot oder eine Pizza und wiegt 60 kg. Der größte Ofen, er wurde auf Kundenwunsch gefertigt, kann 16 Spanferkel gleichzeitig backen und wiegt 5,5 Tonnen.

Es würde den Rahmen des Buches sprengen, alle Fertig-Backöfen bzw. Backöfen-Bausätze zu beschreiben, weshalb im Folgenden nur zwei weitere kurz aufgeführt werden sollen.

Der Holzofen-Komplettbausatz der Fa. Blöchle (Adresse S. 93) enthält Schamotteformteile, Dämmmaterial, Back-

3.16.1 bis 3.16.3
Backöfen mit Bausätzen der Firma Ramster:

Stilvolle Bauart in Backsteinambiente (3.16.1)

Tonnendächer kommen in der Baukunst selten vor – dies macht diesen Backofen zu einem besonderen Kleinod (3.16.2).

Schön verkleideter Backofeneinsatz, an das Wohnhaus angebaut (3.16.3).

Ofenhäuschen mit Einbausatz

Es war der Wunschtraum meiner Frau, einen eigenen Backofen zu haben. Angeblich, weil das Brot so gut schmecken soll. Vielleicht aber auch, um ein Stück Unabhängigkeit aus unserer technisierten Welt zu suchen.
Im Internet fand sie ein passendes Angebot und kaufte kurzerhand einen Backofen-Einbausatz. Nun war es meine Aufgabe, daraus etwas zu gestalten:

Nachdem wir uns über ein geeignetes Plätzchen am Haus einigten, begannen wir eine Betonplatte zu gießen.
Des weiteren benötigten wir viele Betonformsteine, um unser Bauwerk zu errichten.
Nicht alle Steine hatten die richtige Größe, deshalb mussten sie passend geschnitten werden.
Stein auf Stein und dazwischen Kalkmörtel, so entsteht ein Mauerwerk. Damit später alles stimmt, musste immer wieder gemessen und geprüft werden.
Ach ja, der gekaufte Ofeneinsatz gehörte natürlich noch in das Bauwerk. Nochmals prüfen, ob alles passt, dann konnte weiter gemauert werden.
Und so sieht unser Backhäschen fertig aus. Wir haben genügend Ablagefächer geschaffen. Das brauchen wir für unser Brennholz, allerhand Gerätschaften und natürlich für das leckere Brot, von dem meine Frau immer träumte…

Quelle: *Familie Elke und Klaus Schaurich*

ofentür, Rauchrohranschlußkasten und Schamottemörtel (Abb. 3.16.7 bis 3.16.11). Das vorgefertigte Schamottegewölbe besteht aus einer speziellen Mischung aus feuerfest gemahlener Erde, tonhaltigem Zement und durchzogenen Metalldrähten. Die größeren Varianten des Bausatzes werden mit zwei halben Ofenkuppeln geliefert, die vor Ort zusammengesetzt werden. VorausgesOetzt wird eine schon errichtete Unterkonstruktion, auf die dann die Kuppel gestellt wird. Die Gewölbekonstruktion hält schadlos Temperaturen bis zu 1250 °C aus. Den Ofen gibt es in vier Größen, die kleinste Ausführung, für maximal sechs 1 kg-Brote, hat einen Backraumdurchmesser von 70 cm, die größte Ausführung einen Backraum mit 95 cm Innendurchmesser, was ausreichend Platz für 15 1-kg Brote bietet. Der kleine Ofen wiegt 120 kg, der große 420 kg. Für den Aufbau des Ofens werden etwa 2 Tage benötigt.

Die Firma Le Panyol (Adresse S. 93) bietet Backofen-Bausätze, deren Backraum aus Formteilen nach dem Prinzip „Apfelsinenstückchen" zusammengesetzt wird. Die Formteile bestehen aus kaolinhaltigem Ton, der in Südfrankreich (Provence) gefördert wird. Dieser Ton, frei von Eisenoxiden, verleiht der

3.16.4 bis 3.16.6
Backöfen mit Bausätzen der Firma Ramster:

Gemauerte Arbeitsecke auf der Terrasse mit Fertigteilbackofen (3.16.4)

Ein Backofen geht auf Reisen (3.16.5)

Hübsche Bauart, der Spitzbogen im Unterbau ist eine Rarität (3.16.6).

3.16.7 bis 3.16.11
Der Backofeneinsatz der Firma Blöchle: Stein auf Stein – auf Bodenplatte – und darauf der Backofeneinsatz (3.16.7).
Der Backraum wird mit Wärmedämmung umhüllt (3.16.8), der Schornstein aufgesetzt (3.16.9), mit Klinkern ummantelt (3.16.10) und mit einem Dach versehen (3.16.11). Fertig ist der Ofen.

3.16.12 bis 3.16.17

Ein Backofen entsteht aus einzelnen Schamottescheiben:

Mit speziellen vorgefertigten Formteilen lässt sich die Ofenkuppel leicht zusammensetzen. (3.16.13).

Den Abschluss bildet der Schlussstein in der Mitte (3.16.14).

Die Backofentür wird passend dazu geliefert (3.16.15).

Auf die fertige Kuppel wird die erste Lehm-Stroh-Schicht aufgebracht (3.16.16).

Schamotte eine reinweiße Farbe und eine Hitzebeständigkeit bis 1200°C. Die Firma arbeitet nach alter Handwerkertradition, weswegen sie das Label E.P.V. (Unternehmen des lebendigen Erbes) tragen darf. Ihre Produkte sind für den Einsatz in der Lebensmittelindustrie zertifiziert, die Lebensmittel können unmittelbar auf die Sohle des Ofens gelegt und dort auch ohne Geschmacksbeeinträchtigung gegart werden. Geboten wird eine breite Produktauswahl. Das kleinste Modell hat einen Innendurchmesser von 0,66 m, Platz genug, um etwa fünf Kilobrote gleichzeitig zu backen. Das größte Modell, für die gewerbliche Nutzung, hat einen Innendurchmesser von 2,50 m (!). Damit lassen sich bis zu 80 kg Brot pro Backvorgang einschieben.

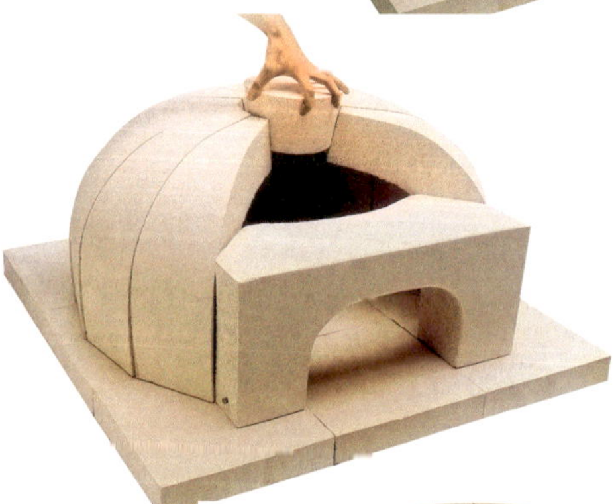

Und so sieht der Ofen aus Formteilen aus, wenn er fertig ummantelt ist (3.16.17).

Die Häussler-Holzbackofen-Bausätze

1. Schritt: Bau des Sockels mit oder ohne dekorativem Holzfach aus Materialien nach Wahl
2. Schritt: Hochmauern des Ofensockels mit Öffnung für den Aschekasten
3. Schritt: Anbringen der mitgelieferten Wärmedämmung, Einsetzten des Holzbackofen-Bausatzes (Steckkastensystem)
4. Schritt: Weitermauern und ein Dächlein aufsetzen – fertig ist das kleine Backhäuschen

Bei gleichem Bauprinzip können die Backhäuschen sehr verschieden aussehen.

Quelle: *Firma Karl-Heinz Häussler GmbH*

4 Betrieb des Backofens

4.1 Erstes Anheizen

Nachdem der Ofen fertig gebaut ist, sollte er zunächst trocken geheizt werden. Dabei kommt es nicht auf eine besonders große Hitze an, sondern auf eine kontinuierliche Wärme, die langsam und gleichmäßig den Ofen austrocknet. Im Bauwerk befindet sich noch jede Menge Feuchtigkeit, auch wenn diese äußerlich nicht sichtbar ist. Sie muss langsam austrocknen, will man Risse vermeiden. Das gilt übrigens bei einem Lehmbackofen ein Leben lang. Jedes Anheizen sollte zunächst mit einer kleinen Flamme beginnen. Der Ofen braucht zur Erwärmung genügend Zeit und darf nur langsam hochgeheizt werden.

Risse an der Stroh-Lehmdämmung sind in der Regel unbedenklich. Durch die langen Fasern des Strohs, eingebettet im Lehm, bleiben die Risse lange Zeit dicht. Dennoch ist es ratsam, die Risse nachzuarbeiten. Dazu werden sie ein wenig verbreitert, damit eine größere Oberfläche entsteht, und danach die Ränder mit einem Pinsel gut angefeuchtet. Mit dem gleichen Lehm-Sandgemisch, das auch für die Ofenoberfläche verwendet wurde, werden nun die Risse verfüllt. Deshalb ist es sehr vorteilhaft, wenn man sich beim Bau des Backofens das Mischungsverhältnis des Sandlehmgemenges aufschreibt und auch ein bisschen davon aufbewahrt. Der Verfülllehm darf nur erdfeucht angerührt werden, sonst entstehen mikroskopisch kleine Schwundrisse. Reibt man zum Schluss die gesamte Oberfläche mit einem Schwammbrett ab, bleiben von den einstigen Rissen keine Spuren sichtbar.

Auch im Ziegelmauerwerk können sich Risse bilden. Insbesondere am Schornstein besteht unter dem Einfluss von Regen und Hitze die Gefahr von Rissbildungen. Der Schornsteinkopf ist dafür besonders anfällig. Diese Risse lassen sich nicht so einfach reparieren. Eine Metallumklammerung hält den Schornstein ggf. einige Zeit sicher in Form. Danach bleibt nur, die gerissenen Ziegel abzutragen und den Schornstein neu aufzumauern.

4.1.1 bis 4.1.3
Risse in der Ofenkuppel werden mit einer Lehmschlämpe wieder verfugt.
- Risse verbreitern (4.1.1)
- anfeuchten (411.2)
- verfüllen (4.1.3).

4.2 Richtiges Heizen

Um es gleich vorweg zu nehmen: Jeder Ofen verhält sich beim Befeuern anders. Viele Faktoren spielen eine Rolle: Die Backraumgröße, die Dämmung, das verwendete Brennmaterial. Aber auch die äußeren Umstände haben Einfluss. Im Sommer wird weniger Wärmeenergie benötigt als im Winter. Ein lange nicht benutzter Ofen braucht mehr Energie als einer, der regelmäßig in Gebrauch steht. Für Pizzen sind höhere Backtemperaturen erforderlich als für Brötchen. Sie merken schon, hier ein Maß zu finden, ist nicht ganz einfach. Vorausgesetzt, man verwendet einigermaßen gleiches Brennmaterial, ist Folgendes hilfreich: Beschränken Sie sich zunächst auf das Backen von einer Teigsorte, am besten Brot. Sie befüllen eine Schubkarre o.ä. mit Holz und verheizen dieses in einer bestimmten Zeit, z.B. in zwei Stunden. Größere Öfen benötigen natürlich mehr Brennmaterial und Zeit. Wichtig ist, eine Grundgröße zu finden. Schreiben Sie sich das Ergebnis auf. Anhand des Heizerfolges werden Sie bereits beim zweiten oder dritten Anheizen ein geeignetes Maß an Zeit und Holzmenge finden, das Ihr Ofen benötigt. Der Rest ist dann Gefühlssache. Im Winter werden Sie etwas mehr Holz brauchen, im Sommer etwas weniger…

Um den Ofen voll aufzuheizen, werden die Zuluftklappe an der Backofentür und die Rauchgasklappe am „Fuchs" zunächst voll geöffnet. Das Feuer wird in Türnähe entfacht. Durch den natürlichen Zug züngeln die langen Flammen durch den Backraum und erwärmen größere Flächen. Dadurch ist die Energieausbeute für den Ofen größer. Die ausreichend im unteren Türbereich zuströmende Frischluft wird von den Flammen erwärmt und der Verbrennung zugeführt. Beim Nachlegen schiebt man in größeren Öfen das Glutbett etwas in den hinteren Teil und hält das Feuer im vorderen Drittel aufrecht.

Ist das letzte Holz verbrannt und nur noch Glut vorhanden, werden die Zuluftklappe und der Rauchgasschieber geschlossen. Die Glut benötigt nicht mehr viel Sauerstoff, der Ofen kann noch 20 bis 30 Minuten „abstehen", in denen sich Hitze gleichmäßig im gesamten Backraum verteilt.

Mit einer Harke bzw. einem Glutschieber wird nun die Asche aus dem Backraum entfernt. Anschließend wischt man mit einem feuchten Lappen, der an einer Stange befestigt ist, oder einem Reisigbesen den Backraum feucht aus.

Manche Bäcker schwören darauf, als Geschmacksverbesserung etwas Asche im vorderen Türbereich liegen zu lassen. Das Brot wird später darüber gehoben. Andere lassen im hinteren Ofenbereich noch ein Stück glimmende Holzkohle liegen. Dies soll dem Backgut einen etwas rauchigeren Geschmack verleihen. Probieren Sie es einfach aus.

Die herausgeholte Asche enthält noch glühende Holzreste. Wenn man diese in einer Schubkarre auffängt und mit Wasser ablöscht, erhält man Holzkohle. Die so gewonnene Holzkohle ist zwar nicht so gut wie die gekaufte aus dem Supermarkt, sie lässt sich aber der „frischen" Holzkohle beimischen und am nächsten Grillabend weiterverwenden.

4.2.1, 4.2.2
Wenn der Backofen zu wenig Wärme gespeichert hat, hilft es, hinter dem Backgut weiterzuheizen. Dazu wird das Feuer hinter einer kleinen Ziegelmauer geschürt..

4.3 Brennmaterial

Der Backofen im Garten wird oft auch als Holzbackofen bezeichnet. Denn Holz sollte das einzige Brennmaterial sein, das zum Heizen verwendet wird. Wer nur naturbelassenes und luftgetrocknetes Holz verbrennt, kann dies mit reinem Gewissen tun. Dass auf lackierte, lasierte oder anderweitig behandelte Hölzer ebenso verzichtet wird wie auf Spanplatten und Verbundmaterialien, versteht sich von selbst. Dann steht die Holzverbrennung auch nicht im Widerspruch zum Schutz unserer Umwelt. Holz ist ein nachwachsender Rohstoff, den es auch noch geben wird, wenn Kohle, Gas und Öl längst erschöpft sind. Vorausgesetzt, wir pflanzen genügend neue Bäume nach! Der nachwachsende Rohstoff Holz verstärkt den Treibhauseffekt nicht. Denn in der Stoffbilanz stellt sich hier ein Gleichgewicht ein: Es wird nur so viel Kohlendioxid beim Verbrennen freigesetzt, wie der Baum im Laufe seines Lebens aufnahm. Dabei werden bei richtiger Verbrennung weder Schwefeldioxide noch Schwermetalle abgesondert. Was nach der vollständigen Verbrennung im Ofen übrig bleibt, ist zumeist ein kleines Häutchen Asche, nicht mehr als 0,5 bis 1% der Holzmasse. Diese lässt sich als umweltfreundlicher Dünger im Garten verwenden. Je nach Holzart enthält die Asche unterschiedliche Mineralien, die dem Biomassekreislauf gefahrlos wieder zugeführt werden können.

Kurz gesagt: Wer mit Holz richtig heizt, wahrt das ökologische Gleichgewicht.

Grundsätzlich kann jedes Holz zum Anfeuern verwendet werden. Es unterscheidet sich nur im Brennwert. Dichte Hölzer wie Buche, Esche und Robinie haben einen höheren volumenbezogenen Brennwert als Fichte, Pappel und Weide. Das heißt, sie geben bei der Verbrennung bei gleicher Volumenmenge mehr Wärmeenergie ab. Wichtig ist, dass nur trockenes Holz verwendet wird. Feuchtes Holz raucht sehr stark, und es geht eine Menge Wärmeenergie für die Verdampfung des Wassers verloren, ehe das Holz überhaupt zu brennen anfängt. Sicheres Indiz für feuchtes Holz im Ofen sind die Glanzrußrückstände an den Wänden. Vorsicht, dann besteht akute Gefahr, dass sich dieser Ruß entzündet und zu einem Schornsteinbrand führt!

Auf den Geschmack hat die Holzsorte während der Heizphase entgegen weitläufiger Meinung keinen Einfluss. Die Geruchs- und Geschmacksträger verflüchtigen sich bei den hohen Verbrennungstemperaturen. Der Glaube, dass Buchenholz einen besonders charakteristischen Geschmack hervorbringt, stammt aus der Räucherküche. Beim Räuchern von Fisch und Fleisch wird das Holz nicht verbrannt, sondern zum Glimmen gebracht. Dabei gelangen tatsächlich Geschmacks- und Geruchsstoffe in den Rauch, welche die Lebensmittel geschmacklich verändern.

4.3.1
.. viel Holz zum Brotbacken

4.4 Backerfahrungen

Wann ist der Backofen heiß genug? Diese Frage wird oft gestellt und ebenso oft unterschiedlich beantwortet. Denn die Temperatur im Backraum richtet sich nach dem Verwendungszweck. Pizzagebäck soll kurz (10 Minuten) im Ofen bei 400 bis 500°C verbleiben. Brot dagegen backt gut bei 220°C und verbleibt etwa 40 Minuten im Ofen. Beim Zuckerkuchen reicht sogar eine Temperatur von 180°C zum Backen.

Für Brot gibt es eine Faustregel: Werfen Sie etwas Mehl auf den Backraumboden. Wenn es sehr schnell schwarz wird bzw. verbrennt, ist der Backraum zu heiß. Verändert es dagegen nur sehr zögerlich seine Farbe, ist der Backraum zu kühl. Alles was dazwischen liegt, kommt der gewünschten Backtemperatur sehr nahe. Probieren Sie es aus.

Für die Zeit des Backens selbst bleiben die Zuluftregulierungsklappe und der hintere Schieber am Fuchs geschlossen, damit die Wärme nicht entweichen kann. Doch was tun, wenn der Ofen zu heiß ist?

Abhilfe schafft ein Backblech, auf welches das Backgut gelegt wird. Zusätzlich wird eine Lage Alufolie oder Backpapier über die Backware gelegt. So trifft der infrarote Strahlungsanteil nicht direkt auf die Oberfläche der Backware. Eine weitere Möglichkeit besteht darin, die Zuluftklappe leicht zu öffnen. Die Frischluft streicht über die Oberfläche des Backgutes und senkt insgesamt die Backtemperatur.

Und was ist zu tun, wenn die Wärme nicht ausreicht?

Hat der Backofen zu wenig Wärme abgespeichert und die Brote bleiben hell, hilft nur Eines: Im hinteren Teil des Backofens wird noch mal ein Feuer entzündet. Damit die Flammen nicht das Backgut verbrennen, stellt man eine Schicht Ziegelsteine dazwischen (Abb. 4.2.2). So erhält man zusätzliche Wärme und kann den Backtag noch „retten".

Was passiert beim Backen?

Im Wesentlichen handelt es sich um einen physikalischen Trocknungsprozess, wobei im Inneren das Eiweiß gerinnt und die Stärke sich verfestigt. Dadurch wird der durch die Hefe aufgeschäumte Teig stabil. Etwa 10% Wasser verdampfen, der Rest wird chemisch gebunden. Beim Backen mit Ofeninnentemperaturen von 200 – 300°C wird die Krume auf ca. 100°C und die Kruste auf ca. 150°C erwärmt. Zu Beginn des Backens sollte man eine Schüssel Wasser mit in den Ofen stellen, um eine Austrocknung und Verhärtung der

4.4.1
Als Erstes: Teig kneten

4.4.2
Teig in den Ofen schieben

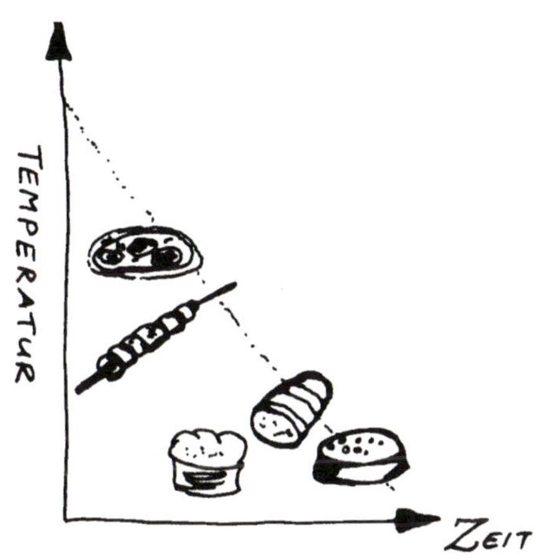

4.4.3
Backtemperatur und Backzeit beachten

4.4.4
Größe und Dauer des Holzfeuers sind bestimmend für die Backtemperatur.

4.4.5
Dieser Anblick macht Appetit!

Kruste zu vermeiden. Das Aroma entsteht durch Reaktionen vor allem von Zucker und Eiweiß während der Backphase. Wie lange die Backzeit für ein Teigstück ist, hängt von der Art, Größe, Backtemperatur und Lockerung der Teigstücke ab. Kleingebäck brauchen ca. 20 Min, 2 Pfundbrote etwa 90 Min, und Dauerbackbrote (wie z.B. Pumpernickel) benötigen eine Backzeit von ca. 15 bis 18 Std.!
Der Hausbackofen muss langsam auskühlen. Die letzte Restwärme, die zum Backen nicht mehr ausreicht, kann zum Trocknen von Holzscheiten oder zum Dörren von Obst genutzt werden.

4.5 Nach dem Backen

4.4.6
Bei zu starker Hitze wird die Kruste leicht zu dunkel.

Wenn alles erledigt ist, das Feuer erloschen, die Brote herausgezogen und die Gäste gesättigt sind, gibt es noch eine letzte Aufgabe. Das Holz ist für den nächsten Backtag vorzubereiten. Dieses stapelt man nun in den noch warmen Ofen. Dadurch trocknet es richtig aus und die letzte Wärme des Ofens wird gut genutzt. Passieren kann letztlich nichts, selbst wenn der Ofen noch sehr heiß ist und sich das Holz entzünden sollte, so brennt es doch gefahrlos im Backofen ab.
Wie beim Anheizen reagiert der Ofen auch bei zu schnellem Auskühlen mit Rissbildung. Deshalb sollen nach dem Backen alle Klappen geschlossen bleiben.

Wie wird überflüssiger Ruß aus dem Backofen entfernt? Mit Kartoffelschalen! Jawohl, das alte Hausmittel funktioniert, sogar bei Öfen mit Sichtglasscheibe! Die Schalen lässt man über Nacht antrocknen und gibt sie dann entweder auf das Glutbett oder auf den heißen Stein. Dem Feuer sollte man die Luftzufuhr verstärken, damit sich die Dämpfe gut verteilen.
Was auch noch möglich, jedoch schon fast in Vergessenheit geraten ist: Früher war es üblich, Äpfelstückchen und Pflaumen in den noch heißen Ofen zu legen. Dort dörrten sie aus und wurden dadurch haltbar gemacht. Zu Weihnachten bekam dann jedes Kind einen Teller voller Dörrobst unter den Weihnachtsbaum gestellt.

4.6 Wichtiges Zubehör

Unabhängig davon, ob Sie nur für sich selbst, mit Freunden oder für eine größere Personengruppe backen, Sie werden nicht umhin kommen, einiges Zubehör anzuschaffen, das Ihnen das Backen erleichtert.
Für einen gut funktionierenden Backtag werden einige Backgeräte benötigt, die das Hantieren mit Teig und Brot erleichtern. Dazu zählen im Einzelnen:

Backblech

Wenn Sie Ihr Backblech mit einer Handvoll Mehl bestäuben, können Sie die Brotlaibe direkt auf das Blech legen und in den Ofen schieben. Dann haftet der Teig nicht an und das Brot lässt sich nachher leichter herausheben. Das Backblech sollte einige Zentimeter schmaler sein als die Ofenöffnung, damit Sie es beim Einschieben nicht schräg halten müssen. Brot, Fladen und Pizzen lassen sich auch mit dem Brotschieber in den Ofen schieben und auf dem „heißen Stein" backen.

Brotschieber

Zum Hineingeben der Brotlaibe und zum Herausnehmen der Brote ist ein Brotschieber hilfreich. Er besteht aus einer Holzstange mit einem rechteckigen Holzstück vorne. Der Brotschieber wird auch „Ausnemmer", „Brotschießer" oder „Schüffel" genannt. Für Pizzen und Fladen gibt es auch spezielle Schieber, die vorne aus einem dünnen Blech bestehen.

Schubkarre

Wohin mit der vielen Glut? Die beim Herausholen der Asche darin befindlichen glühenden Holzreste kann man in einer Schubkarre (oder in einem löchrigen Eimer) auffangen und mit Wasser löschen, um Holzkohle zu erhalten. Achtung, niemals heiße Asche in Kunststoffbehälter (z.B. Mülltonne) kippen – Brandgefahr!

Wassereimer

Wenn mehrere Erwachsene und Kinder helfen, den Teig zu kneten und zu formen, kleben die Finger recht bald voller Teigreste. Da hilft nur eins: Stellen Sie einen Eimer Wasser auf, eine Bürste zum Reinigen daneben und geben Sie ein Handtuch dazu.

Gitterrost

Nach dem Herausholen der Brote werden sie am besten auf ein Holzgitterrost gelegt. Dann können sie ringsherum gut auskühlen.

Holzbrett

Ein fester Holztisch sollte nicht fehlen. Darauf wird der Teig geknetet und geformt. Noch besser und hygienischer ist es, ein Backbrett als Unterlage zu verwenden. Das lässt sich nach dem Benutzen gut mit einer Bürste abwaschen. Zum Trocknen wird das Backbrett in die Sonne gestellt. Auch nach dem Backen leistet es als Ablage gute Dienste. Das Brot kann darauf gleich geschnitten und serviert werden. Achtung, die heißen Backbleche nicht direkt auf das Holz stellen. Das gibt unschöne Brandflecken. Wenn Sie mit Kindern arbeiten, brauchen Sie mehrere Backbretter!

Hudelwisch

Mit einem Hudelwisch werden letzte Asche- und Glutreste aus dem Ofen entfernt. Traditionell besteht er aus ei-

4.6.1 *links*
Der Hudelwich dient zum Reinigen des Ofens und wird aus Reisig gebunden.

4.6.2 *rechts*
Ein Brotbackschieber ist unerlässlich zum Hineinschieben und Herausholen des Backgutes.

4.6.3 *links*
Zum Entnehmen der Asche dient der Glutschieber (Ofenkrucke) aus Holz.

4.6.4 *rechts*
Länger haltbarer ist dieser Glutschieber aus Metall.

ner Holzstange, an der ein alter Jutesack oder ein Wischlappen angebracht ist. Dieser wird in Wasser getaucht, um damit den Ofen zu reinigen. Wir haben den Wischlappen direkt an der Holzstange befestigt und zusätzlich eine Scheuerbürste angeschraubt. Damit lässt sich der Wischer auch zum Auskehren verwenden. Nur nass muss er sein, sonst verkohlt er im Ofen und die Bürsten verbrennen. Früher hat man auch einen nassen Reisigbesen verwendet, den Reisigwischer. Da er etwas stabiler ist, lässt sich der Ofen leichter auskehren. Auch der Reisigbesen muss sehr nass gehalten werden, damit er nicht verbrennt. Bei der modernen Variante, den Besen aus Messing, entfällt dies natürlich.

Kratzer / Glutschieber

An einer Holz- oder Metallstange befindet sich ein breiter Metallschieber, mit dem die Glut und die Asche aus dem Ofen geholt werden. Man spricht auch vom „Kruck", „Ausgluter" oder einer „Ofenkrücke". So etwas gibt es im Ofenhandwerksbedarf zu kaufen oder man benutzt eine Unkrauthacke aus dem Baumarkt.

Thermometer

Wer die Backraumtemperatur exakt messen will, muss entweder ein Backthermometer in den Backraum legen oder ein Thermometer mit Fühlerrohr einbauen. Manche Backthermometer haben einen bis zu 90 cm langen Fernfühler, der sich bequem bis in den Backraum einschieben lässt. Temperaturen um 800°C sind keine Seltenheit und Thermometer, die diese Temperaturbereiche messen, sind teuer. Dafür gibt es aber auch eine einfachere Lösung. Der Fühler wird in die obere Schamotteschicht eingesetzt, über die Temperatur des Kernbereiches lassen sich dann Rückschlüsse auf die gespeicherte Wärmemenge ziehen. Da jeder Ofen anders aufgebaut ist, sind Erfahrungswerte und einige Tests notwendig. Als Faustregel kann man annehmen, dass mit jedem Zentimeter Schamottedicke vom Backraum aus die gemessene Temperatur um etwa 40 K sinkt. Unser Thermometer setzen wir z.B. rund 8 cm über der Backraum-Innenwandfläche ein. Die notwendige Backraumtemperatur erreichen wir, nachdem der Zeiger mindestens auf 60°C klettert. Bleibt er darunter, bleiben auch die Brote hell und wir haben einige Mühe, die Brote durchzubacken.

Wer dennoch die genauen Temperaturen im Ofeninneren wissen will, der sollte sich ein Pyrometer zulegen. Das ist ein kleines, handliches Infrarot-Messgerät, mit dem es möglich ist, hochgenaue und berührungslose Temperaturmessungen durchzuführen.

Zum weiteren Zubehör (dessen Wert erst geschätzt wird, wenn es fehlt) gehören:
Feuerzeug, Handschuhe (für den heißen Ofen!), ein großes Brotmesser, Schüsseln, eine Tüte Mehl, Pizzaschneider, Messer, Servietten, Backroller, Gärkörbchen, Backpapier, Teigabstecher, Teigschaber, Getreidemühle.

4.6.5
Mit dem Fühlerrohr des Einsteckthermometers lässt sich die Temperatur im Ofeninneren kontrollieren.

Ofengalerie: Lehmbacköfen

Ofengalerie: Freistehende Backöfen

Ofengalerie: Backöfen auf der Terrasse

Ofengalerie: Holzbacköfen im Haus

5 Wissenswertes zum Brot

5.1 Die Geschichte

Wann genau der Mensch in seiner etwa vier Millionen währenden Geschichte die ersten Getreidekörner aß, ist nicht bekannt. Sicher ist jedoch, dass mindestens 10.000 Jahre v. Chr. die Menschen bereits Getreidekörner rösteten. Ausgrabungen belegen Funde von Handmahlsteinen und Steingefäßen zum Mörsern, was auf eine weitere Verarbeitung schließen lässt. Vermutlich war das erste Getreiderezept ein Brei. Irgendwann wird dann wohl dieser dickflüssige Brei auf einen heißen Stein geraten sein. Das Fladenbrot war geboren. Vermutlich sind die Ägypter und Sumerer die Erfinder des ersten Fladenbrotes. Archäologische Ausgrabungen konnten in diesen Ländern den auf heißem Stein gebackenen Getreidebrei seit dem 5. Jahrtausend vor Christus nachweisen. Man erhitzte Steine in einer Erdgrube, auf die dann der Getreidebrei gestrichen wurde. Vor 11.000 Jahren legte man Quarzsteine ins Feuer, die die Hitze speicherten und einen einfachen Herd darstellten. In Europa ist die Herstellung von Fladenbrot aus dem 3. Jahrtausend vor Christus belegt. Diese Fladen bestanden aus Hirse, Gerste und Weizen, teilweise vorher geröstet und grob zerquetscht. Bei Ausgrabungen in Oberägypten zwischen Luxor und Assuan fand man eine ägyptische Großbäckerei aus der Zeit ca. 3.500 Jahre v. Chr. Diese bestand aus sechs Lehmbacköfen. Der Lehm war mit Tonscherben verstärkt. Die Öfen standen auf einem Fundament aus Nilschlamm. Um jede der Feuerstellen war eine kreisrunde Lehmeinfassung gebaut worden. Die Ägypter waren in dieser Beziehung Vorreiter. Sie buken schon vor 5.000 Jahren Brot. Dieses bestand zu dieser Zeit nur aus Mehl und Wasser. Das daraus entstandene Fladenbrot ist uns noch heute bekannt. Ein, so erzählt es die Geschichte, tagsüber stehen gelassener Teig, blähte sich bis zum nächsten Morgen auf. Dieser Teig wurde gebacken und wies einen neuen und feinen aromatischen Geschmack auf. Die Ägypter hatten nun das erste „gegangene" Brot erfunden, welches weitaus lockerer war als das herkömmliche Fladenbrot. Was war passiert? Während der nächtlichen Ruhezeit bildeten sich aus Bakterien Milch- und Essigsäure und aus Hefe

5.1.1
So etwa dürften die ältesten slawischen Erdöfen ausgesehen haben. Hier ein Nachbau im Slawendorf Neustrelitz.

5.1.2
Historisches Backhäuschen (Nachbau) im Freiland.

5.1.3
Altes Backhäuschen

5.1.4
Historisches Backhaus in Nauendorf, der Backbetrieb erfolgte vom Wohnhaus aus. Meist wurde der Raum des Rußes wegen auch die „Schwarze Küche" genannt.

Kohlendioxid. Der Sauerteig war geboren.

Die Brotherstellung übernahmen vorwiegend Frauen. Diese zerkleinerten das Getreide mit großen Mahlsteinen, bis Mehl entstand.

In Europa entwickelten sich die ersten Feuerstätten etwa 5.000 Jahre v. Chr. parallel zum Ackerbau.

Angebaut wurden zunächst die Getreidesorten Emmer und Gerste. Mit dem Ackerbau und der Viehzucht wurden die Menschen sesshaft. Sie änderten ihre bis dahin gewohnte wandernde Lebensweise, denn sie konnten ihre Ernährung nun vor Ort absichern. Man geht davon aus, dass es 2.000 Jahre v. Chr. in Europa die ersten Lehmbacköfen gab.

5.1.5
Backtag früher: Aus Korn wird Brot.

Kenntnisse über die damalige Art zu leben und zu arbeiten verdanken wir dem Vulkanausbruch über Pompeji 79 Jahre n. Chr., dem Untergang der Stadt, bzw. durch die Ausgrabungen. So fand man z.B. eine mit einem Gewölbe überdeckte Herdplatte, die aus Lehm und Lehmsteinen geformt war. Diese runde Wölbung erhärtete durch die Hitze des Feuers zu einer Ziegelmasse. Auch in dieser Zeit gab es schon an der Vorderseite des Ofens das Mundloch, das verschlossen werden konnte. Später verfeinerten unsere Vorfahren den Lehmbackofen, indem sie an der Rückseite des Lehmgewölbes ein Loch und einen Schornstein anbrachten. Mit einer zusätzlich eingebauten Klappe ließ sich dadurch das Feuer regulieren. Dies ist bis heute das Grundprinzip des Lehmbackofens.

Neben den einfachen Backöfen dieser Zeit gab es auch schon Backhäuser mit Verkauf. Hier war allerlei Gebäck erhältlich. Das Gebäck für Arme bestand aus Gerste und Kleie, das Gebäck für Reiche aus Weizen. Aber auch Brötchen und Kuchen gab es zu kaufen. Backraum und Mühle gehörten zusammen und waren nicht voneinander getrennt. Mit der Steigerung des Bedarfs an Brot und Kuchen ging man in Europa im 6. Jahrhundert n. Chr. zu Mühlen über, die von Vieh angetrieben wurden. In den einfachen Haushalten gab es weiterhin kleinere Backöfen. Diese waren von sehr einfacher Gestalt. Die Müller errichteten später große Backöfen, die öffentlich waren und von jedem genutzt werden konnten. Aus diesen öffentlichen Backöfen der Müller entstanden dann die Gemeindebacköfen.

Bis in das 18. Jahrhundert bestand das Gebäck in Nordeuropa aus Roggen und Gerste. Weizen aß man im Süden Europas am Mittelmeer und später in den Königshäusern Mitteleuropas. Bis ins 19. Jahrhundert hinein war in Europa Brot das Hauptnahrungsmittel.

5.1.6
Stolzer Berufsbäcker.

5.2 Andere Länder - andere Sitten

Das Essverhalten der Bevölkerung in den östlichen und asiatischen Nationen unterscheidet sich in punkto Brot völlig von den hiesigen Gewohnheiten. Dort gehören die großen Fladenbrote zur täglichen Ernährung. Sie sind ein unverzichtbarer Bestandteil jeder (wirklich jeder!) Mahlzeit und nicht mehr wegzudenken.

Das Fladenbrot wird mit der Hand gebrochen und gegessen. Dazu gibt es leckere Suppen und Soßen. Manche Fladen werden aus Weintrauben und Maismehl hergestellt, andere aus Milchprodukten wie Joghurt und Ghee (Butterschmalz). Zum Fladenbrot werden auch gern Salate aus verschiedenen Früchten und Ziegenkäse gereicht. Zu besonderen Feiertagen gibt es Fleischstreifen, die mariniert und dann über dem offenen Feuer gebraten werden.

Wer einmal den südlichen Kaukasus bereist, bekommt von den Einheimischen gelegentlich eine besonders lustige Anekdote erzählt, die je nach den Erfahrungen der Erzählenden unterschiedlich ausgeschmückt wird. Es geht

5.2.1 und 5.2.2
Typische Bäckerei in Georgien. Der Ofen ist aus Ziegeln gemauert und mit Lehm verkleidet. Durch ein „Windloch" im unteren Teil wird die Asche entfernt (5.2.2)

5.2.3
Regal mit knusprigen Fladenbroten. Leicht gesalzen und mit Gewürzen versehen bleiben sie lange haltbar.

5.2.4
Dieser tonnenförmige Ofen hat eine der ältesten Backofenformen und viele Namen: Tandir (türkisch), Tandur (indisch), Tandoor (englisch).

jedes Mal darum, wie die Menschen in ihrer Jugendzeit ihre ersten Berührungen mit der europäischen Kultur verarbeiteten. Die Geschichte ist immer dieselbe. Junge Männer kamen durch ihren Dienst in der roten Armee oder durch ein Studium nach Ostdeutschland, Polen oder Tschechien. Ihr erster Gaststättenbesuch lief dann etwa wie folgt ab. Man bestellte sich eine schmackhafte Suppe. Nach geraumer Zeit wird diese auch serviert, allerdings ohne Brot. Nun kam schon Verwunderung auf und dem Kellner wurde erklärt, dass es keine ordentliche Suppe ohne Brot gäbe. Durch gutes Zureden und den Hinweis auf die sozialistische Freundschaft ließ sich der Kellner bewegen, das Verlangte zu bringen.
Nach einiger Zeit kehrte der Kellner zurück und hatte für jeden am Tisch Sitzenden eine (!) Scheibe Brot. Die folgenden Momente werden von den Einheimischen dann immer besonders dramatisch ausgemalt und sorgen für großes Lachen. Eine Scheibe Brot – wie sollte da der hoch gelobte Sozialismus jemals funktionieren? Wird doch den Bürgern das Grundnahrungsmittel schlechthin verwehrt. Eine Scheibe Brot reicht doch nicht zum Leben! Das musste ja schief gehen.
Wenn dann die Einheimischen ihre „erschütternden“ Erlebnisse in ihrer ureigenen Variante erzählt hatten, kam dann prompt die Aufforderung: „Esst und greift zu, denn bei uns werdet Ihr immer genug Brot auf dem Tisch finden“.

Und das ist bis heute so geblieben. Bereist man im Sommer den Vorkaukasus, wird man überall am Straßenrand kleine Tische antreffen, an denen der Reisende sich ausruhen kann. Darauf lagern ganze Stapel mit frisch gebackenen Fladenbroten und es stehen Samowars für den Tee bereit. An einem dieser Stände fuhren auch wir vorbei und wurden prompt zum Essen eingeladen. Die junge Frau zeigte uns, wie das Fladenbrotbacken funktioniert: Im Garten steht unter einem Holzdach ein für uns ungewöhnlich aussehender Lehmbackofen. Er ist tonnenförmig und zur Hälfte in die Erde eingegraben. Die Tonne wird mit Holz gefüllt und ein Feuer entfacht. Dann wird der vorbereitete Teig geformt. Die Masse wird zunächst auf einem Holztisch fingerdick ausgerollt, dann werden mit einer Gabel Löcher in den Teig gestochen. Nun stellt sich die große Frage, wie kommt der Teig in die Tonne? Ganz einfach. Wenn das Holz heruntergebrannt ist, werden die Teigfladen mit geübten Handbewegungen einfach an die Innenwand des Ofens geworfen. Dort bleiben sie kleben, bis sie ausgebacken sind. In der Zwischenzeit strömt aus dem Ofen ein so angenehmer Duft, dass den Anwesenden das Wasser im Munde zusammenläuft ...

Dieser tonnenförmige Backofen wird Tandur oder auch Tandir genannt, englisch Tandoor und hat eine der ältesten Backofenformen. Von Gegend zu Gegend gibt es zwar kleinere Unterschiede in der Bauausführung, das Prinzip bleibt aber das Gleiche. Entweder wird der Ofen nur aus Lehm geformt oder auch mit Steinen gemauert. Mancherorts wird ein großer, zylindrischer Tonkrug in die Erde versenkt. In anderen Gegenden steht der Tonkrug ebenerdig und wird zur Isolierung mit einer dicken Lehmschicht ummantelt. Gefüllt wird er jeweils mit Brennholz oder Holzkohle. Er brennt dann mindestens zwei Stunden, bis er richtig heiß geworden ist.
Neben dem Fladenbrot lassen sich darin auch Fleischgerichte zubereiten. Dazu werden Fleischstückchen auf Spieße gesteckt und in den Ofen gestellt, um den nötigen Abstand zur Glut zu bewahren. Typisch ist das Tanduri-Hähnchen, das vorher mit Joghurt, Knoblauch, Zwiebeln, Salz und Zitrone sowie mit der speziell für diesen Ofenschmaus kreierten Gewürzmischung Tanduri Masala mariniert wird. Tanduri Masala ist eine indische Gewürzmischung, die für das Marinieren von Fleischgerichten aus dem Tandur hergestellt wird. Sie besteht aus Chili, Kreuzkümmel, Koriandersamen und Safran.

Fladenbrote

Übrigens, wussten Sie, dass Fladenbrot die am weitesten verbreitete Zubereitungsart von Brot ist? Fladenbrote sind weltweit in allen ackerbauenden Kulturen bekannt. Oftmals dienen sie auch als essbare Unterlage und zur Aufnahme von Gerichten.
Im Folgendem ein kurzer Exkurs zum Fladenbrot:

Chapati

kommt ursprünglich aus Nordindien und Pakistan und zählt dort zu den Hauptnahrungsmitteln. Unter dem gleichen Namen fand es später auch in Ostafrika Verbreitung. Es wird aus einer dünn ausgerollten Vollkornmischung aus Gerste, Hirse und Weizen sowie Wasser, Öl und Salz hergestellt. Eine besondere Variante sind die Tandoor Chapatis. Sie werden hergestellt, indem der ausgerollte Teig mehrmals mit Ghee (Butterreinfett) bepinselt, mehrmals zusammengeklappt und wieder ausgerollt wird. Das Ergebnis erinnert an Blätterteig.

Chubz, Khubz, Khuboos oder Khubus

heißt in den Ländern der Arabischen Halbinsel „Brot" und zählt da zu den Grundnahrungsmitteln. Der Teig wird auf einer runden Scheibe gedreht und dann an die Innenwände des „Tandur" genannten Ofens geklebt. Fertig geba-

5.2.5
Dieser Tandur wurde nur aus Lehm gefertigt und war sicher nicht für die Ewigkeit gedacht.

5.2.6
Teig wird mit der Hand zu einem Fladen geformt und anschließend mit geschickter Hand an die heiße Ofenwand befördert.

5.2.7
Der Teig backt an der heißen Ofenwand.

5.2.8
Ein Backhaus in der Türkei. Im Inneren befinden sich gleich drei der tonnenförmigen Tandiröfen.

cken bläht sich das Chubz auf und hat charakteristische braune Flecken. Chubz hat eine Ähnlichkeit mit Chapatis, wird aber aus Weizenvollkornmehl, Wasser, Salz und Olivenöl zubereitet.

Focaccia
ist die Bezeichnung für ein goldgelb gebackenes, etwa 2 cm dickes Fladenbrot, typisch für die Küstenregion Ligurien (Italien). Da ist es wichtigster Bestandteil des Frühstücks und wird auch gern zwischendurch gegessen. Es wird aus Hefeteig, Wasser und Salz hergestellt und vor dem Backen mit Olivenöl, Salz und verschiedenen Kräutern eingerieben. Gegessen wird es regional unterschiedlich mit eingearbeiteten Oliven, Zwiebeln, Tomaten oder Käse. Das Focaccia gilt als Vorläufer der heutigen Pizza.

Matze
Nichts ist so ungewöhnlich wie die Matze, ein ungesäuertes Fladenbrot aus der jüdischen Küche. Es wird nur aus Wasser und einem der fünf Getreidearten Weizen, Roggen, Gerste, Hafer oder Dinkel ohne Treibmittel gefertigt. Es wird während des Pessachfestes gegessen. Die Herstellung unterliegt strenger rabbinischer Aufsicht. Weder das geerntete Getreide noch das Mehl darf vorher mit Wasser oder einem Säuerungsmittel in Berührung kommen. Dies ist in den warmen Ländern durch hohe Luftfeuchtigkeit und den Knetvorgang nicht einfach einzuhalten. In vielen orthodoxen Haushalten gibt es daher ein spezielles Pessach-Geschirr, das nur für Teige ohne Treibmittel benutzt wird. Auch der Backprozess ist reglementiert, vom Mischen des Mehls mit Wasser bis zur fertig gebackenen Matze aus dem Ofen dürfen nicht mehr als 18 Minuten vergehen.

Nan (auch Naan, Non)
entstammt zunächst aus dem iranischem Sprachraum und hat sich vor allem im zentralasiatischen Raum zwischen Afganistan, Usbekistan, Tadschikistan über Pakistan bis nach Indien weit verbreitet. Es ist ein Fladenbrot, das traditionell nur aus angesäuertem Hirseteig hergestellt wird. Heute wird auch gern Weizenvollkornmehl dazu verwendet. Zur Säuerung nimmt man Joghurt und Hefe. Der Teig wird zu einer flachen, etwas länglich gezogenen Form geformt. Der Rand bleibt etwas dicker, weshalb er an eine Pizza erinnert. Die Fladen werden entweder im Tandur-Backofen oder über dem offenen Feuer gebacken.

Papadam, Papad oder Papar
wird ein sehr dünner Fladen aus Linsenmehl genannt, der als Beilage gegessen wird. Heute werden die Fladen meist in der Fritteuse hergestellt. Ursprünglich wurde die aus Indien kommende sehr

scharfe Spezialität mit Öl bestrichen und zunächst auf dem heißen Tandurstein vorgebacken, dann mit einer Zange über die Glut gehalten oder zum Rösten direkt aufgelegt, bis sie knusprig ist.

Paratha

bezeichnet eines der beliebtesten ungesäuerten Fladenbrote aus dem südasiatischen Raum und zählt da zum wichtigsten Bestandteil des Frühstückes. Man unterscheidet zwei Arten, die gefüllten und die ungefüllten Fladen. Sie werden in mehreren Schichten entweder in der Pfanne wie bei uns die Blinzen gebraten oder mit Füllung im Tandur gebacken. Es gibt sehr viele unterschiedliche Arten, je nach Region. Für unsere Gaumengewohnheiten sind die Füllungen exotisch: Minze, Rettich, Curry, Bockshornklee, geröstetes Linsenmehl, aber auch Füllungen mit Eier, Hammelfleisch und süßsaurem Chutney.

Pita

ist von Griechenland bis zum Nahen Osten weit verbreitet. Das etwas dickere, weiche Fladenbrot wird aus Hefeteig hergestellt. Pitafladen werden täglich mehrmals gebacken und dienen als Beilage zu fast allen Mahlzeiten. Hergestellt wird das Fladenbrot aus einem leicht gesalzenen Hefeteig mit etwas Öl oder Butter. Vor dem Backen werden mit den Fingern Rautenmuster eingedrückt und die Oberfläche mit einer Eigelb-Öl- oder gekochter Mehl-Wasser-Mischung eingestrichen und mit Sesam und Schwarzkümmel bestreut. Gebacken wird Pita direkt auf dem Boden eines Steinbackofens. In Deutschland ist das Gebäck seit 1958 in einfacher Form und aufgeschnitten als „Dönertasche" bekannt.

Pizza

ist das wohl international bekannteste Fladenbrot. Es stammt ursprünglich von den Etruskern und Griechen als „essbarer Teller", wurde später durch die neapolitanischen Küche weiterentwickelt und zählt heute neben Nudeln zu den italienischen Nationalgerichten. Es besteht aus Weizenmehl, Wasser, wenig Hefe, Salz und etwas Olivenöl. Die ausgerollte Masse wird vor dem Backen mit Fleisch, Wurst, Gemüse und Käse belegt. Da Pizza bei einer sehr hoher Temperatur (400 bis 500 C) gebacken werden sollte, ist sie ein typisches Backofengericht. Gebacken wird in einer relativ niedrigen Brennkammer. Gern verwendet man eine Kombination aus grünem Basilikum, weißem Mozzarella und roten Tomaten, die italienischen Nationalfarben. Für die Teigzusammenstellung gibt es in Italien eigene Normen, einige Pizzen sind als Warenzeichen eingetragen.

5.2.9
Ein leichtes Dach aus Wellblech schützt einen Backofen in Usbekistan.

5.2.10
Ein Restaurant in Larnaka/Zypern bereitet in diesem Lehmbackofen feinste Fleischgerichte. Wegen der klimatischen Bedingungen benötigt er kein Dach.

Podpłomyk

ist ein einfaches, dünnes Fladenbrot der polnischen Küche. Traditionell wird es auf einem heißen Stein ohne Belag gebacken und zu Suppen gegessen. Podpłomyk bedeutet („unter der Flamme") und steht für seine traditionelle Nebenfunktion als Temperaturanzeiger im Backofen vor dem Brotbacken. Hergestellt wird es aus Weizenmehl, Salz, Wasser, Hefe sowie Öl oder Sauermilch. Podpłomyk ähnelt der Pita. Es gibt auch eine andere Variante mit einem Belag aus Pilzen, Gemüse, Fleisch, Speck oder Fisch. Als Grundaufstrich dient Schmand oder Weißkäse. Es ähnelt dann dem Flammkuchen.

Puri

stammt aus Indien und ist ein frittiertes Fladenbrot. Dazu wird Weizenvollkornmehl mit Wasser, Öl und Salz zu einem Teig angerührt. Nach einer kurzen Ruhezeit wird der Teig dünn ausgerollt und in Öl frittiert. Dadurch quellen die Fladen ballonartig auf. Beim Abkühlen (oder Anstechen) entweicht die heiße Luft und der Fladen fällt in sich zusammen. Puri wird als Beilage serviert.

Schüttelbrot

ist ein in Südtirol verbreitetes hartes, knuspriges Fladenbrot. Es wird aus Roggenmehl, Wasser, Hefe und Salz hergestellt und zusätzlich mit Anis, Fenchel, Kümmel, Koriander oder Schabzigerklee gewürzt. Der Teig wird vor dem Backen durch Schütteln gelockert und in die übliche dünne Fladenform gebracht. Traditionell wird Schüttelbrot mit Speck oder Käse zur Marende (Brotzeit) gegessen.

Tortilla

ist ein mexikanisches Fladenbrot aus Mais. Die Herstellung ist etwas aufwendig. Zunächst wird der trockene, ungemahlene Mais mehrere Stunden mit etwas gebranntem Kalk oder Holzasche gekocht. Dann wird er ausgewaschen, enthülst und im nassen Zustand mit speziellen Mühlen zu einem Backteig vermahlen. Das Kalkwasser ermöglicht das Abtrennen der beim Mais fest mit dem Korn verwachsenen Spelzen. In ländlichen Gegenden werden gelegentlich heute noch in der klassischen Variante die groben Maiskörner über Nacht mit Kalk eingeweicht und am nächsten Tag in einer speziellen Mühle zum fertigen Teig gemahlen. Funde belegen, dass diese Technik bereits vor 3500 Jahren angewandt wurde. Sie ist möglicherweise sogar noch älter. Weil es neben dem gelben Mais auch den blauen Mais gibt, sehen die Tortillas auch unterschiedlich aus. Neben Wasser wird dem Maismehl noch etwas Fett beigemengt und alles zu einem flachen Fladen geformt. Dieser wird direkt auf dem heißen Stein gebacken. Tortillas isst man gern zu Chili con Carne oder gefüllt mit Fleisch, Gemüse und Käse.

Vinschgauer

ist ein Fladenbrot aus dem Alpenraum. Es besteht aus handtellergroßen, bis zu 3 cm dicken Fladen aus Sauerteig. Dieser besteht aus etwa 70% Roggen und 30% Weizen. Der Teig wird mit einer Mischung aus Fenchel, Koriander, Kümmel und Schabzigerklee gewürzt. Da die Fladen traditionell paarweise gebacken werden, ähneln sie dickkrustigen Brötchen. Da sich diese Fladen lange frisch halten, dienten sie oft als Reiseproviant.

5.3 Deutschland - Land des Brotes

In Deutschland ist Brot das traditionelle Nahrungsmittel. Es zählt zu den Hauptnahrungsmitteln, da es durch seinen relativ neutralen Geschmack die Grundlage für vielerlei süße und herzhafte Speisen bietet. Der Gebrauch von Brot ist so vielfältig, dass nachfolgend mehrere Möglichkeiten aufgezeigt werden, wie Brot in die tägliche Ernährung eingebunden werden kann. Brot spielt eine große Rolle bei der Gesunderhaltung des Menschen. Die Generation, die den Mangel in den Nachkriegszeiten noch miterlebt hat, weiß das besonders zu schätzen. Die Autoren gehen nachfolgend auf die Bereitung von Frischbrot im Haushalt ein, auf die Zubereitung von Fleisch- und Gemüsespeisen im Backofen und auf die Verwertung von Altbrot.

Brotaroma

Für einen guten Geschmack spielt das Aroma des Brotes eine entscheidende Rolle. Aroma entsteht beim Backen des Brotes, in geringem Maße spielen auch Brotgewürze, Mehlart und Krustenbildung eine Rolle. Ebenfalls Einfluss auf das Aroma haben der Backverlauf und die Dauer des Backens. Je länger ein Brot gelagert wird, desto schneller verlieren sich die Aromastoffe. In frischem Brot sind die meisten Aromastoffe vorhanden. Sie lagern vor allem auf der Kruste.

Brotarten

Es gibt gesäuertes- und ungesäuertes Brot:

Fladenbrot ist ungesäuertes Brot, es wird mit wenig Luft eingeknetet und ist nach dem Backen durchgetrocknet. Fladenbrote werden höchstens 3 cm dick, noch warm verzehrt und nicht gelagert.

Brotlaibe werden aus Mehl und zusätzlichen Rohstoffen wie Quark, Kartoffeln, Mais und Möhren hergestellt. Brotlaibe werden mit Luft eingeknetet, durch Treibmittel gelockert und müssen einige Zeit ruhen. Verwendung finden hierbei meist Weizen- und Roggenmehl und/oder Schrot, Wasser und Treibmittel.

Brotgetreide, Brotsorten, Brotvielfalt

Weizen, Roggen, Dinkel, Gerste, Hafer, Mais aber auch Buchweizen und Einkorn haben Eines gemeinsam: Sie zählen zu den Brotgetreiden. Jahrzehntelang nahmen die beiden Getreidesorten Weizen und Roggen beim Brotverzehr eine dominierende Stellung ein. Doch das hat sich in den letzten Jahren zunehmend verändert. Vielleicht liegt es an der Globalisierung, denn man reist gern und weit. Auch das Internet führt dazu, leichter einen Blick in fremde Länder zu bekommen. Oder es liegt an dem verschärften Wettbewerb um die Gunst der Kunden. Wer etwas Neues auf den Markt bringt, hat gute Chancen, damit Geschäfte zu machen. Wie sonst ist es zu erklären, dass einige Brotsorten wie die Baguettes aus Frankreich und die Chiabatta aus Italien die Supermarktregale füllen? Doch es geht noch weiter. Eine verbesserte Maschinen-

5.3.1
Deutschland – Land der Brotvielfalt

5.3.2 und 5.3.3
Backzutaten für eine Vielfalt feiner Brötchen und Brote

technik sorgt für einen besseren Ausmahlungsgrad und feinere Sieblinien für neuartige Typen aller Art. Moderne Backmischungen und Zutaten führen auch zu neuen Brotsorten. Zu den Grundinhaltsstoffen Weizen und Roggen kommen nun Beigaben wie Leinsamen, Sesam, Mohn, Kleie, Kürbis, Rübenschnitzel, Kartoffeln und Möhren, aber auch Quark, Joghurt und vieles mehr. Wer behält da noch den Überblick? Was und in welchen Mengen ist gesund? Die Deutsche Gesellschaft für Ernährung (DGE) empfiehlt täglich vier bis sechs Scheiben Brot zu essen. Das entspricht etwa 200 bis 300 Gramm. Alternativ können auch ein bis zwei Scheiben Brot weniger und dafür Getreideflocken gegessen werden. Vorzuziehen sind auf jeden Fall Produkte aus Vollkornmehlen. Sie enthalten neben den Ballaststoffen auch Mineralstoffe z.B. Kalzium und Spurenelemente wie Eisen, Kupfer, Mangan, Zink sowie B-Vitamine u.v.m. Backwaren, die mit Zugaben von Leinsaat, Sonnenblumenkernen und Kürbiskernen angereichert wurden, können ernährungsphysiologisch sehr vorteilhaft sein. Denn sie enthalten auch gesättigte und ungesättigte Fettsäuren.

Brot aus dem eigenen Lehmbackofen, hergestellt nach den individuellen Backkünsten schmeckt natürlich besonders gut. Ein gutes Brot sollte eine wohlschmeckende Kruste besitzen und aromatisch duften. Es sollte Salz enthalten und nicht zu sauer sein. Das aufgeschnittene Brot darf nicht „schliff" sein (nicht mehr feucht und klebrig) oder auseinander fallen. Um das zu erreichen, benötigt man etwas Übung und Erfahrung.

Insgesamt ist Deutschland wohl das Land mit den meisten Brotspezialitäten – rund 2500 wurden gezählt. Aktuell wird das vom Zentralverband des Deutschen Bäckerhandwerks e.V. auf www.brotregister.de erfasst. Doch dieser Wohlstand hat auch seine Schattenseiten. 2010 wurden in Deutschland etwa 600 000 Tonnen (!) Brot zuviel produziert. Ein Großteil landete im Müll, weil es von anderen Getreideprodukten nicht ohne größere Aufwendungen getrennt werden konnte. Aus Angst vor Epidemien dürfen diese Produkte nicht an Tiere verfüttert werden. Denn viele Erzeugnisse werden mit tierischem Eiweiß (Eier, Milch) gebacken und diese dürfen seit dem BSE-Skandal nicht wieder an Tiere verfüttert werden.

Doch auch hier gibt es findige Köpfe, die daraus noch etwas verwerten. Ein Teil der überschüssigen Getreideerzeugnisse wird Biogasanlagen zugeführt. Darin entsteht zusammen mit anderen Bioprodukten durch den Gärprozess Biogas, welches letztendlich

Generatoren zur Stromerzeugung antreibt. Aus Brot wird Strom! Und es gibt weitere Lösungen: Getrocknet und zermahlen lässt sich Brot gemeinsam mit Pelletts verheizen. So macht das eine Bäckerei in Hilden, die seit 2010 ihre Räume und 12 Backöfen mit Altbrot beheizt. Momentan laufen Versuche am Institut für Lebensmitteltechnologien der Hochschule Ostwestfalen-Lippe, aus Altbrot durch Vergärung Bioethanol herzustellen. Eine Brennerei in Rockstedt hat in einem ersten Versuch aus zehn Tonnen Brot 2453 Liter Bioethanol erzeugt. Was übrig bleibt, ist ein Rückstand, welcher noch zu Tierfutter oder Biogas verarbeitet werden kann.

5.4 Aus Alt mach Neu – Brotverwertung

Können wir etwas gegen die Überproduktion von Getreideerzeugnissen tun? Vielleicht, wenn wir unser Kaufverhalten ändern oder alte Gewohnheiten aufgeben. Auch altes Brot kann noch schmecken und es gibt eine Menge Möglichkeiten, aus Brotresten etwas Gesundes herzustellen. Restbrot, Rückbrot oder Retourenbrot– damit gemeint ist hart gewordenes, abgelagertes Brot, das zwar nicht mehr so gut schmeckt, jedoch noch einwandfrei ist. Sind schon Schimmelbildungen festzustellen, gehört Altbrot nicht mehr auf den Tisch, sondern in die Biotonne oder in den geschlossenen (Ratten!) Kompostbehälter.

Restbrot / Altbrot

Ohne weiteres lässt sich Restbrot auch neuem Brotteig beimengen. Das ist in vielen Bäckereien durchaus üblich. Eine Auszeichnungspflicht dafür gibt es nicht. Allerdings gibt es hier Grenzwerte. Auf Frischbrot berechnet darf in Deutschland Restbrot mit überwiegendem Weizenanteil bis 6% und mit überwiegendem Roggenanteil mit bis zu 20% auf den Brotteig zugegeben werden. Mehr sind nicht erlaubt. Es gibt drei Möglichkeiten der Zugabe: Möglich ist das Hinzufügen von zerkleinertem Restbrot bzw. Paniermehl in den Sauerteigansatz. Das wird als Brotfermentation bezeichnet. Dabei werden nicht nur Roggenmehl und Wasser, sondern auch ein Teil Restbrot zugesetzt. Bei genügend langer Reifezeit (mindestens drei Tage) und regelmäßigem Umrühren kann der Restbrotanteil bis zu 50% betragen. Den Mikroorganismen im Sauerteig dient das Restbrot als Nahrung, die vollständig abgebaut und fermentiert wird. Ein solcher Sauerteigansatz hält sich anschließend ohne Kühlung bis zu einer Woche.

Restbrot lässt sich mit einem Zerkleinerer zu Granulat zermahlen. Da es noch Restfeuchte enthält, sollte das Zerkleinern erst unmittelbar vor der Weiterverarbeitung erfolgen. Andernfalls neigt die Masse schnell zu Schimmelbildung. Etwa 15 Minuten vor der Zugabe in den neuen Teig wird die 1 1/2fache Menge Wasser zugesetzt. Dieser

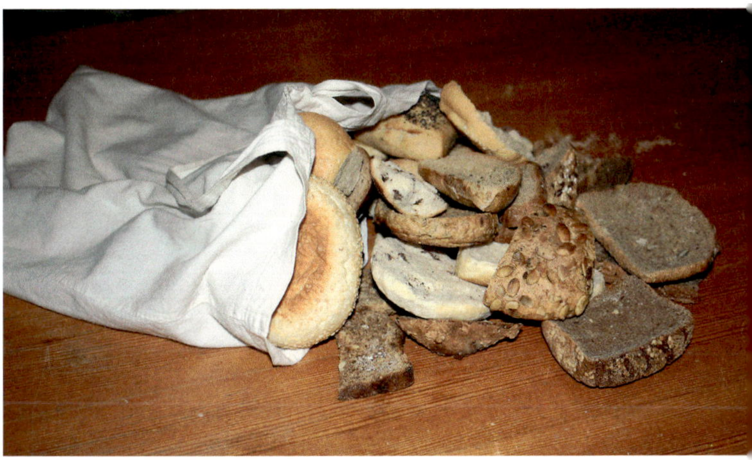

5.4.1
Aus Alt mach Neu: Brotreste als Grundlage für neue Gerichte.

Vorgang wird Brotaufschlämmung genannt. Danach verfährt man wie üblich mit dem Teig weiter.
Hartes, ausgetrocknetes Restbrot wird über Nacht in Wasser eingeweicht. Es kann bis zum Dreifachen der Gewichtsmenge an Wasser aufnehmen. Während der Zugabe zum frischen Teig ist die Wassermenge von der Gesamtwassermenge abzuziehen. Andernfalls wird der Teig zu dünn und das Brot „schliff" (zu feucht).
Bei allen Beimengungen ist zu beachten, dass Brotzusätze wie z.B. Mohn, Leinsamen, Sonnenblumenkörner und Anderes sich nicht auflösen. Sie finden sich dann im neuen Brot wieder, was aber dem Geschmack nicht abträglich ist. Geschmacklich kann man das Ganze noch aufwerten, wenn man Restbrotstückchen vor der Weiterverarbeitung leicht anröstet. Dies liefert kräftige Geschmacks- und Aromastoffe und eine etwas dunklere Farbgebung.
Insgesamt lässt sich sagen, dass geringe Zusätze von Restbrot das Frischbrot sogar durchaus geschmacklich aufwerten können. Äußerlich wird man es dem Brot nicht ansehen, auch ist kein Unterschied in der Konsistenz des Teiges spürbar. Mit Restbrot aufgewertetes Brot ist sogar etwas länger haltbar.

Paniermehl

Die wohl bekannteste Verwertung von Altbrot ist das Zerreiben der Brot- und Brötchenreste zu Paniermehl oder Semmelbrösel. Das Restbrot sollte dazu richtig ausgetrocknet sein. Es lässt sich durch die Härte nicht nur leichter zerreiben, sondern ist auch kaum anfällig für Schimmelbildung. Will man ganz sicher gehen, schiebt man das zerkleinerte Restbrot zum völligen Austrocknen in den warmen Ofen. In Papiertüten trocken gelagert hält sich das Paniermehl über Monate.
Paniermehl wird zum Panieren von Fleisch oder als Zugabe zu Hackfleisch verwendet. Weniger bekannt ist, dass geringe Mengen Paniermehl (6%) zusammen mit frischem Mehl weiter verarbeitet werden können.

Toastbrot und Röstbrot

Die einfachste Form, altbackenes Brot weiter zu verwenden, ist das Aufbacken oder Rösten. Einzelne Scheiben werden in der Pfanne, im Toaster, in der Mikrowelle oder im Backofen für kurze Zeit stark erhitzt. Für Röstschnitten-Gourmets bieten sich noch die Verwendung von Butter in der Pfanne, von Öl auf der Schnitte oder auch das Überbacken mit Wurst und Käse im Backofen an. Köstlich schmeckt auch Folgendes: Brotscheiben aus Weizenmehl in Würfel schneiden, mit Salz oder Pfeffer bestreuen und im vorgeheizten Backofen rösten. Zu Bier oder Wein reichen.
Oder Sie probieren Folgendes: Altes Brot in Scheiben schneiden und darin mit einem kleinen (Schnaps-)Glas oder einer Plätzchenform in der Mitte ein Loch ausstechen. Eigelb und Eiweiß von einem oder mehreren Eiern trennen. Die Brotscheiben in heiße Butter tauchen und in Eiweiß wälzen. Auf ein gefettetes Blech geben und in das „Brotloch" das geschlagene, gepfefferte und gesalzene Eigelb geben. Im heißen Ofen etwa 5 Minuten backen und heiß servieren.

Armer Ritter

Dies ist ein geschmackliches Erlebnis, nicht nur für arme Leute! Das Rezept stammt vermutlich aus den Zeiten des Dreißigjährigen Krieges. Mittlerweile hat es sich in der Welt weit verbreitet und ist beispielsweise als „Poor Knights of Windsor" (England) bekannt und als „Pain perdu" in Frankreich, Die Amerikaner nennen es „French toast" und die Schweizer „Fotzelschnitten".
Das Rezept: In einer flachen Schale etwas Milch mit einem Ei verquirlen. Wer möchte, kann noch mit Zucker oder Zimt süßen oder mit herzhaften Gewürzen verfeinern. Es schmeckt aber

auch ohne weitere Zutaten lecker. Die Restbrotschnitten in dieser Mischung einweichen und wälzen. Anschließend die Stücke auf ein gut eingefettetes Backblech legen und in den heißen Ofen schieben. Nehmen sie eine goldgelbe Farbe an, sind sie fertig.

Brotauflauf

Altbackenes Brot lässt sich zu einem schmackhaften Hauptgericht verwenden. Mit Gewürzen und Ei in eine Auflaufform gegeben, verwandeln sich die Zutaten im Backofen in ein warmes Gericht.

1 altbackenes Brot
1 Zwiebel, in Scheiben geschnitten
150 g Speckwürfel
4 mittelgroße Tomaten, in feine Scheiben geschnitten
5 Scheiben Käse
3 Becher Schmand
1 Bund Frühlingszwiebeln
1 Bund Schnittlauch
Salz, Pfeffer eventuell Kräuter

Das Brot in Scheiben schneiden und in eine Auflaufform legen. In einer Schüssel den Schmand mit den Frühlingszwiebeln und dem Schnittlauch vermengen und mit Salz, Pfeffer und den Kräutern abschmecken. Auf die Brotscheiben in der Auflaufform die geschnittenen Tomaten, Zwiebeln und die Speckwürfel legen. Das Ganze mit dem Schmand übergießen, den Käse darauf verteilen und im Lehmbackofen ca. 30 Min. backen.

Sächsische Brotsuppe

Vielen älteren Menschen wird folgendes Gericht, das auch als „Nachkriegssuppe" bekannt geworden ist, noch in Erinnerung sein. Obwohl es bei der Einfachheit des Rezeptes kaum vorstellbar ist, die Brotsuppe ist schmackhaft. Alles was dazu benötigt wird, sind:

6 Scheiben altbackenes Brot
¼ Stück Butter (65 g)
Salz, Pfeffer, Kümmel

Das Brot in kleine Stücke schneiden und in eine Schüssel geben. Die Gewürze und das Stück Butter darüber geben. Das Ganze anschließend mit kochendem Wasser übergießen und umrühren. Fertig ist die Brotsuppe!
Wer will, kann die Suppe noch mit frischen Kräutern oder gerösteten Zwiebelringen verfeinern.

Panzanella – Italienischer Brotsalat

Es handelt sich hierbei um ein altes, italienisches Gericht aus dem 16. Jahrhundert. Es ist in weiten Teilen Italiens teilweise auch unter dem Namen Panmolle bekannt und bis heute sehr beliebt. Es wird in verschiedenen, abgewandelten Arten angerichtet: Altbackenes Brot kurz in Wasser einweichen. Die Brotstücke mit einer Gabel leicht ausdrücken und zerkleinert in eine Schüssel geben. Darüber klein geschnittene Tomatenstückchen, Zwiebelringe und Basilikumblätter häufeln. Alles gut durchmischt kühl stellen. Es schmeckt umso besser, je länger der Salat ziehen kann. Gegessen wird der Salat mit einigen Spritzern Olivenöl und Balsamico-Essig.

Kwass – Das Brotbier

Der Brauch, Brot mit Wasser zu vergären, stammt aus Russland und ist seit etwa dem 9. Jhd. bekannt. Kwass bedeutet so viel wie säuerlich Gegorenes. Es entsteht bei der Vergärung von Brot durch Milchsäurebakterien. Kwass sieht gelb bis hellbraun aus und enthält neben Mineralien, Vitaminen und Enzymen weniger als 2% Alkohol. Neben dem Kwass- Grundrezept existieren mehr als 50 Varianten des Getränkes, wobei Zutaten wie Äpfel, Birnen, Honig, Beerenobst oder Weintrauben den Geschmack verfeinern sollen. In Deutschland ist das Getränk auch unter der Bezeichnung Brotbier geläufig, nicht zu verwechseln mit dem Brot-Trunk. Letzterer ist eine auf dem Kwass basierende Erfindung des Bäckermeisters Kanne aus dem Jahre 1981. Dieses

Getränk ist alkoholfrei. Kwass war in Russland und der Ukraine so beliebt, dass es aus Tankwagen verkauft wurde. Auch heute gibt es das Getränk, allerdings in Flaschen abgefüllt, als Erfrischungsgetränk in den Supermärkten.
Und so wird Kwass hergestellt:
1 kg Roggenbrot
100 g Mehl
400 g Zucker
8 Liter Wasser
80 – 100 Rosinen
2 Stück Frischhefe
Verwendet wird altes, hartes, zerkleinertes Roggenbrot. Das Brot in einen großen Behälter legen und mit abgekochtem, etwa auf 60°C abgekühltem Wasser übergießen. Den Behälter abgedeckt etwa 12 Stunden (am besten über Nacht) stehen lassen. Dann etwa 200 ml Wasser erwärmen und die Hefe und den Zucker in das lauwarme Wasser rühren. Nach einer Ruhezeit von etwa 20 Minuten dieses Gemisch unter Rühren in den Behälter geben. Nun muss alles nochmals 5-10 Stunden in Ruhe gelassen werden. Auf der Oberfläche bildet sich ein weißer Schaum. Den fast fertigen Kwass anschließend durch ein Sieb oder Tuch gießen und zusammen mit den Rosinen in Flaschen füllen. Nach einer weiteren Reifezeit von zwei bis drei Tagen, kühl gelagert, kann der Kwass getrunken werden.

Brotomelett

200 g Vollkornbrot, in feine Würfel geschnitten
200 g Zucchini, in Scheiben geschnitten
40 g Butter
2 EL Kräuter nach Belieben
8 Eier, Salz und Pfeffer
Butter, 30 g Sauerrahm
Zucchinischeiben in Butter mit den Kräutern 2 Min. in der Pfanne dünsten, herausnehmen. Die Brotwürfel in der gleichen Pfanne rösten, auskühlen lassen. Eier verquirlen, mit Salz und Pfeffer würzen und mit den gerösteten Brotwürfeln und den Zucchinischeiben vermengen. Die Masse in der Pfanne zu Omeletts backen und mit Sauerrahm auf Tellern anrichten.

Schnitzel aus Brötchen

200 g Brötchen
5 Eier
½ Glas Milch
2 EL Semmelmehl
2 EL Butter, Salz und Pfeffer
Eier hart kochen, Brötchen in Milch einweichen und mit den Eiern durch den Fleischwolf drehen. Alles gut vermischen und mit Salz und Pfeffer abschmecken. Mit einem Löffel Schnitzel formen, in dem Semmelmehl panieren und von beiden Seiten in der Pfanne in Butter braten und servieren.

Brotpüree mit Knoblauch

200 g altbackenes Weißbrot
3 Knoblauchzehen
20 Walnüsse
3 EL Olivenöl
3 TL Zitronensaft
10 grüne Oliven, Salz
Knoblauch durch die Knoblauchpresse pressen, mit Salz vermengen, Walnüsse knacken, klein hacken und ebenfalls untermengen. In Wasser eingeweichte Weißbrotscheiben ausdrücken und mit der Knoblauch-Walnussmasse vermischen. Das Öl zu der Masse geben. Dabei die Masse mit einem Löffel schlagen. Mit Zitronensaft abschmecken. Das Püree in einer Schüssel oder einem tiefem Teller anrichten und mit den Oliven garnieren.

Zwiebel-Roggenbrot-Suppe

200 g Roggenbrot
1 Liter Wasser
2 Zwiebeln
2 EL Butter
Roggenbrot in Würfel schneiden und in einer Pfanne in Butter anbraten. Zwiebeln sehr fein schneiden, ebenfalls in Butter anbraten, die Brotwürfel zufügen. Alles in einen großen Topf geben, mit kochendem Wasser übergießen, 10 Min. köcheln lassen und servieren.

5.4.2
Vegetarische Brotsoljanka.

5.4.3
Altbrotkuchen

Vegetarische Brotsoljanka
200 g Roggen- oder Mischbrot
etwas Butter zum Braten
150 g fertiges Sauerkraut
1 Zwiebel
2 EL Öl
Altes, hartes Brot etwa 10 Minuten in Wasser einweichen, dann abtropfen lassen und in Stücke reißen. Die Brotstücke in einer Pfanne mit Butter braten, Zwiebeln mitbraten, bis sie goldgelb sind, das Sauerkraut dazugeben, alles miteinander mischen und servieren.

Altsemmel-Klöße
200 g Semmel, gerieben
½ Glas Wasser
2 Eigelb
1 EL Butter, Salz
Die Butter etwas erhitzen, das Eigelb dazugeben und kräftig rühren, nach Geschmack salzen. Wasser dazu gießen und geriebene Semmel zufügen, bis ein Teig entsteht. Abwarten, bis der Teig gequollen ist, aus der Masse Klöße formen, diese in kochendes Wasser legen und gar ziehen lassen. Wenn die Klöße oben auf dem Wasser schwimmen, herausheben und servieren.
Das Rezept ist eine tolle Möglichkeit, trockenes Brot weiterzuverarbeiten. Die Klöße schmecken auch sehr gut, wenn gemischtes Altbrot verwendet wird, vom kernigen Vollkornbrot bis hin zu Fladen. Statt Wasser kann Milch benutzt werden.

Dessert - Brotpudding
200 g altes Weißbrot
1 Glas Milch
1 Ei
etwas Zucker
Das Weißbrot mit heißer Milch übergießen und aufquellen lassen, gut zerdrücken und 1 Ei und etwas Zucker hinzufügen. Die Masse in eine feuchte, mit Mehl bestreute Stoffserviette geben und zubinden. 1 Std. in Wasser kochen lassen, aus der Serviette entfernen und anrichten.

Einfacher Altbrot-Kuchen
200 g altbackenes Weißbrot
2 EL Butter
3 Eier
¼ Glas Sahne
Zucker oder Salz oder Gewürze
50 g des Weißbrotes in Scheiben schneiden, den Rest reiben. Die Scheiben in zerlassener Butter braten und in eine Auflaufform geben. Eiweiß abtrennen, Eigelb, geriebenes Brot, Zucker oder Salz oder, wer es lieber herzhaft mag, Salz und Gewürze sowie die Sahne hinzufügen und gut mischen. Das Eiweiß zu Eischnee schlagen und unter die Masse heben. Die Masse auf die Brotscheiben in der Auflaufform gießen und 20 bis 30 Min. bei mindestens 160°C im Lehmbackofen backen.

5.5 Rezepte für Frischbrote

Rezepte für das Backen von frischem Brot gibt es in unzähligen Backbüchern. Wir stellen hier drei interessante Brotrezepte vor, die sich im Lehmbackofen bewährt haben.

Joghurtbrot

650 g Weizenmehl
150 g Magermilchjoghurt
250 ml warmes Wasser
1 EL Sonnenblumenöl
15 g Salz
1 TL Honig
1 Würfel Hefe

Alle Zutaten miteinander verkneten und den Teig in eine gefettete Botbackform geben. In dieser ca. 30 Min. quellen lassen. Den Backofen auf 200°C vorheizen. Das Kastenbrot einschieben und 1 Std. backen lassen. Nach dem Backen das Brot aus der Kastenform nehmen und zum Auskühlen auf ein Gitterrost legen.

Kartoffelbrot

500 g Kartoffeln
500 g Weizenmehl
325 ml Milch
3 EL Zucker
15 g Salz
1 Würfel Hefe

Die Kartoffeln als Pellkartoffeln weich kochen. Anschließend Schale entfernen und zu Mus pürieren. Das Kartoffelmus mit den anderen Zutaten vermengen und kneten, bis ein nicht mehr klebender Teig entsteht. Den Teig 1 Std. an einem warmen Ort quellen lassen, dann in eine gefettete Kastenform einfüllen und in dieser Form nochmals 30 Min. quellen lassen. Das Brot in den Backofen bei etwa 200°C einschieben. Nach 45 Min. herausholen, stürzen und das Brot auf einem Gitterrost auskühlen lassen.

Buttermilchbrot

500 g Weizenvollkornmehl
500 g Roggenvollkornschrot
100 g Sonnenblumenkerne
50 g Leinsamen
20 g Salz
1 Würfel Hefe
500 ml Buttermilch
400 ml warmes Wasser

Die Hefe in etwas warmem Wasser anrühren und in eine Schüssel gießen. Alle weiteren Zutaten dazu geben und kräftig durchkneten. Jetzt 30 Min. ruhen lassen. Danach den Teig 1 Min. lang erneut durchkneten und wieder ruhen lassen. Nochmals kneten und nochmals ruhen lassen. Den Teig in eine gefettete Kastenform geben und im auf 200°C geheizten Backofen ca. 1 Std. backen. Auf einem Gitterrost auskühlen lassen.

5.6 Rezepte für Fleisch- und Gemüsegerichte

Hühnchen im Lehmmantel

Es handelt sich hierbei um eine uralte Methode (Prinzip Römertopf), Fleisch im Backofen zu backen. Das Besondere: Es funktioniert auch mit größeren Tieren. Das folgende Rezept eignet sich hervorragend für Familienfeiern, denn es sorgt zusätzlich für einiges Erstaunen, da als erstes ein Eimer mit Lehm angerührt und in die Küche gebracht wird …

Und das wird benötigt:
1 küchenfertig ausgenommenes Huhn
Olivenöl
2 Kartoffeln
1 unbehandelte Zitrone
Salz, Pfeffer, Paprika
1 Zwiebel, 3 Knoblauchzehen
200 g Schinkenspeck gewürfelt
Backpapier
1 Eimer, halbvoll mit Lehm (1 Tag vor Backbeginn mit Wasser einschlämmen)

Das Huhn mit Olivenöl innen und außen einreiben, mit Salz, Pfeffer und Paprika würzen. Die Kartoffeln schälen und in kleine Stücke schneiden. Die Zitrone waschen und mit einer Gabel einstechen, so dass später der Saft herausfließen kann. Die Zwiebel schälen und ebenfalls in Stücke schneiden. Die Knoblauchzehen schälen.

Das Huhn mit den Kartoffeln, Zwiebeln, Zitrone, Schinkenspeck und Knoblauchzehen füllen, mit Rouladennadeln danach verschließen. Man kann das gefüllte Huhn in Backpapier einwickeln. Es geht auch ohne, das Papier verhindert aber die Verdunstung und das Fleisch bleibt später saftiger.

Nun kommt unser Eimer mit dem angerührten Lehm ins Spiel. Mit einer Maurerkelle den Lehm zunächst auf das Backblech verteilen und dann auf das darauf liegende Huhn streichen. Der Lehm muss das Huhn vollständig umschließen. Mit Phantasie lässt sich aus dem Lehm eine Figur modellieren. Ist dies erfolgt, das Backblech mit dem Huhn in den stark angeheizten Backofen schieben. Das Feuer kann derweilen im Ofen weiter brennen. Im folgendem erhärtet der Lehm zu einer har-

5.6.1 bis 5.6.8

Das vorbereitete Huhn in Backpapier einwickeln, auf ein mit Lehm gefülltes Backblech legen und das Huhn mit Lehm umhüllen. Das Backblech in den stark vorgeheizten Backofen schieben. Nach etwa 2 Stunden das Backblech (schwer!) vorsichtig herausnehmen, mit dem Hammer auf die Lehmschale schlagen, die sich dann in großen Stücken abheben lässt. Das Resultat: Ein gut durchgebackenes, appetitliches Hühnchen.

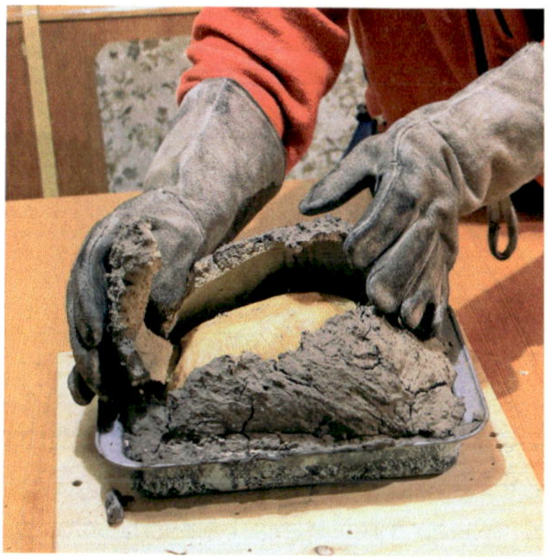

ten Schale. Das Hühnchen schmort im eigenen Saft, bis es nach etwa zwei Stunden gar ist. Vorsichtig das schwere Backblech herausnehmen und auf eine feuerfeste Unterlage stellen. Mit einem Hammer nun den hart gewordenen Lehm behutsam abschlagen. Scholle für Scholle lässt sich der Lehmmantel von dem Huhn (Backpapier) ablösen. Keine Angst, der Lehm ist so fest, das Sie ihn in großen Stücken abheben können. Danach das Backpapier entfernen und Sie haben ein gut durchgebackenes, goldbraunes und fein duftendes Hühnchen appetitlich vor sich liegen.

Zicklein aus dem Backofen

Auch ohne Lehmmantel gelingt natürlich ein Fleischbraten im Backofen. Äußerst schmackhaft ist zum Bespiel das nachfolgende Gericht: Ausgelöste Fleischteile einer Ziege – bestens geeignet sind die Keulen – werden wie folgt angerichtet:
Olivenöl mit Salz, Pfeffer, Majoran und Thymian vermengen und die Ziegenkeulen damit einreiben. Die satt eingestrichenen Ziegenkeulen auf ein Backblech legen und mit beliebig vielen Zwiebelstücken umgeben. Die Ziegenkeulen ca. 2 Std. im Backofen garen, durch ständiges Wenden wird vermieden, dass das Fleisch anbrennt. Bei diesem Gericht sollte man ein kleines Feuer hinter Ziegeln im Backofen belassen, um die Backtemperatur zu halten. Die Ziegenkeulen sind gar, wenn die Fleischinnentemperatur ca. 80°C erreicht hat.

5.6.9
Zickleinbraten aus dem Backofen

Gemischtes Backgemüse

Kartoffeln
Zwiebeln
Zucchini
Öl
Salz, Pfeffer
Evtl. Knoblauchzehen
Alle Zutaten schälen und in Stücke schneiden. Auf das Backblech ein Backpapier legen, darauf alle Zutaten verteilen und mit Öl übergießen, salzen und pfeffern. Nach ca. 20 Minuten Backzeit im heißen Ofen prüfen, ob das Gemüse gar ist. Wenn die Zutaten noch etwas roh erscheinen, weitere 5 Min. backen lassen. Das Gemüse auf Tellern servieren, nach Geschmack Käse darüber streuen.

Gebackene Zwiebeln

4 Zwiebeln
½ Liter Wasser
Vollkornbrötchen
Butter
Salz und Pfeffer
3 Tomaten
Die Zwiebeln von dem Wurzelende befreien aber die äußeren Schalen nicht abschälen. In einer Auflaufform eng aneinander legen und das Wasser in die Zwischenräume gießen. Die Auflaufform in den Backofen stellen und etwa 1 Std. backen. In der Zwischenzeit die Brötchen aufschneiden, mit Butter bestreichen, Tomaten schneiden und auf die Butterbrötchen legen. Die Auflaufform aus dem Ofen ziehen. Das Zwiebelmus aus den Schalen lösen und über die Tomatenbrötchen geben. Mit Salz und Pfeffer würzen.

Bildnachweis

Alle Abbildungen, wenn nicht nachfolgend anders bezeichnet, stammen von den Autoren

Landesbund für Vogelschutz Bayern e.V., Ortsgruppe Engelsberg, Umweltgarten Wiesmühl/Alz, D-84549 Engelsberg, www.umweltgarten.de: Seite 4; Seite 34

Familie Dubau, Weskower Str. 31, D-03130 Spremberg, joachim.dubau@t-online.de: Seite 6

Familie Hansen, D-24787 Fockbek, www.heikohansen.net: Seite 8

Olaf Eggelmeyer, Vale Grande de Cima, P-8375 Sao Marcos da Serra Portugal, www.algarve-tipi.eu: Seite 12

Landküche Henke, Ulrich Henke, Nette 37, 41751 Viersen: Seite 14

Schamottewerk Radeburg GmbH, www.schamotte-radeberg.de: Seite 16, Abb. 2.4.2 bis 2.4.4

Ralf Feckenstedt und Neli Böhme, lehmofen.burkartshain@gmx.de: Seite 20 bis 22

Bernd Wollny, Brandenburg an der Havel: Seite 25

Willi Palm, D-41812 Erkelenz, www.steinbackofen-schlemmerei.de: Seite 28

RATAGS Kunsthandwerk Gitta Heider, Kunsthandwerkerhaus, Bauernwirtschaft zum Kunsthandwerk, Hauptstr. 120, D-01833 Stolpen, OT Langenwolmsdorf, www.ratags.de: Seite 29/ Abb. 3.4.2; Seite 30, Seite 37/Abb. 3.6.22; Seite 43/Abb. 3.9.4; Seite 45/ Abb. 3.10.3; Seite 47/ Abb. 3.11.9

Hannelore Haus-Hermann, Birkenheider Str. 48, 27777 Ganderkesee: Seite 31

Dirk Schumacher, Georg Thom, Michael Schattschneider, D-53604 Bad Honnef, www.Pizza-Backes.de: Seite 35, Seite 40/Abb. 3.8.2; Seite 53/Abb. 3.13.5; Seite 58/Abb. 3.15.1; Seite 71 links oben

Jessica Perry, Earth Oven Query, Norfolk/GB, www.jessicaperry.co.uk: Seite 36; Seite 44/Abb. 3.9.9

Jörg Wappler, WOF-Planungsgemeinschaft Göhrenerstr. 3, 10437 Berlin, www.wof-planungsgemeinschaft.de: Seite 37, 3.6.23 und 3.6.24; Seite 54/ Abb. 3.13.11; Seite 71 Mitte und unten links

Jan-Peter Wilckens, D-49179 Ostercappeln-Niewedde, www.weichenstellen.de: Seite 38; Seite 44/Abb. 3.9.7; Seite 83

Blöchle, Teigwarengeräte & Bäckereieinrichtungen, Oberes Dorf 31, D-72175 Dornhan-Marschalkenzimmern, www.teigwarengeraete.de: Seite 47/Abb. 3.11.6 bis 3.11.8; Seite 49/ Abb. 3.12.1 bis 3.12.4, Seite 53/3.13.8; Seite 54/ Abb. 3.13.9; Seite 55/Abb. 3.13.13; Seite 61/Abb. 3.16.7 bis 3.16.11; Seite 72 oben rechts, Seite 72 Mitte und unten, Seite 73 oben rechts und unten links; Seite 74 oben links und mittig

Schornsteintechnik Olaf Wilde, D-48480 Spelle http://www.schornstein-wilde.de/: Seite 48/Abb. 3.11.11 bis bis 3.11.13

Familie Elke und Klaus Schaurich, 01844 Neustadt: Seite 53/Abb. 3.13.3, 3.13.4, 3.1.3.6; Seite 60

Jörg Vensler, jvensler@web.de: Seite 56/Abb. 3.14.6

Ramster Holzbackofen, Zeppelinstr. 140, D-66953 Pirmasens, info@holzbackofen.de, www.holzbackofen.de: Seite 59/Abb. 3.16.1 bis 3.16.3; Seite 61/Abb. 3.16.4 bis 3.16.6; Seite 70/ Abb. 4.6.5; Seite 73 unten rechts

Le Panyol, Schwabstraße 18, D-70197 Stuttgart, www.lepanyol.com: Seite 62/Abb. 3.16.12 bis 3.16.15; 3.16.17; Seite 72 oben links, Seite 73 oben links, Mitte links und rechts; Seite 74 Mitte rechts

Firma Heinz Häussler GmbH, Nussbaumweg 1, D-88499 Heiligkreuztal, www.backdorf.de: Seite 63

Claudia Lorenz-Ladener, 79219 Staufen: Seite 68, Seite 75/Abb. 5.1.2; Seite 76/Abb. 5.1.3, 5.1.5; Seite 77/Abb. 5.1.6

Cornelia Bedrich, Lehmbau und Gestaltung, Dorfplatz 6, D-01920 Nebelschütz OT Dürrwicknitz, www.toepferhof-lausitz.de: Seite 71 oben rechts; Seite 74 unten mittig

Agata Szymanska, Andreas Dittrich, 01097 Dresden: Seite 77/Abb. 5.2.1 und 5.2.2; Seite 78, Seite 79; Seite 80; Seite 81/Abb. 5.2.9

Brigitte Dittmar, Berlin: Seite 81/ Abb.5.2.10

Michael Weser, Lehmgestaltung, Lehmputze, Gartenbacköfen, Eibenstocker Str. 14, D-01309 Dresden, www.lehmwerkstatt-michael-weser.de: Seite 71 unten Mitte und rechts

Matthias Braun, 01814 Bad Schandau, baubraun@web.de: Seite 74 oben-rechts

Buschmann, 24975 Husy: Seite 74 Mitte links

Familie Kiltau, 69483 Affolterbach: Seite 74 oben mittig

Peter Ehrenzeller, Lehmöfen, Blumengasse 14, CH 8331 Auslikon, Schweiz, www.lehmoefen.com: Seite 74 unten links

Familie Wiesenack, D 88069 Tettnang: Seite 54/Abb. 3.13.10

Müller, Waldenbuch: Seite 53/ Abb. 3.13.7

N.N. Cottbus: Seite 72, Mitte links

Familie Sutter, Bergstr. 21, CH 9200 Gossau, Schweiz: Seite 72 unten rechts

Munz, D-72414 Rangendingen: Abb. 3.5.1 und Seite 73 oben rechts

Familie Rau, D-72290 Loßburg (Abb. 3.13.10)

Quellen

Bundesministerium für Umwelt, Naturschutz und Reaktorsicherheit, http://www.bmu.de/luftreinhaltung/

Dachverband Lehm e.V., Postfach 1172, D-99409 Weimar, www.dachverband-lehm.de

Welte, Johannes: Brot wird zu Strom verheizt. In: Münchner Merkur vom 6. Februar 2009. (www-merkur-online.de).

Depping, Beate: Forscher machen Sprit aus Brötchen. In: Sächsische Zeitung vom 01.Dezember.2011

Ranft, Andreas: Backversuch Restbrot – die richtige Anwendung. In Artisan 4/2009

öko-forum Umweltberatung Luzern, CH-6004 Luzern, www.oeko-forum.ch „Brot selber backen – ofenfrisch und knusprig", Kristiane Müller-Urban, ISBN 3-7742-5451-6 „Brotrezepte aus ländlichen Backstuben", 5. Auflage 2006, ISBN 978-3-78-420614-1

Dentzer, Kiko: Build your own earth oven. Oregon/USA 2006,

Spitzer, Jana / Dittrich, Reiner. Der Lehmbackofen - Bauanleitung und Backideen. Eigenverlag, 4.Auflage 2011

Lorenz-Ladener, Claudia (Hrsg.): Holzbacköfen im Garten - Bauanleitungen für Lehm- und Steinöfen. Staufen, 14. Auflage 2011, ökobuch-Verlag

Weitere Bücher im ökobuch Verlag

Anders gärtnern

Permakultur-Elemente im Hausgarten. Ob Kräuterspirale, Krater- bzw. Hochbeet, Kartoffelturm, Wurmfarm oder Erdgewächshaus mit Hühnerstall, bei allem dient die Natur als Vorbild. Mit vielen Anleitungen für einen Hausgarten, in dem die Bereiche harmonisch zusammenwirken und sich gegenseitig fördern. Von Margit Rusch. 96 Seiten, mit vielen farbigen Abbildungen, 16,95 €

Mein kleiner Permakultur-Garten

300 kg Ernte auf 150 m² Fläche mitten in der Stadt. Der Autor Josef Chauffrey beschreibt die Kultivierung eines Reihenhausgartens nach Permakultur-Prinzipien und zeigt, wie sich beachtliche Ernteerfolge an Obst u. Gemüse erzielen lassen. 110 Seiten, mit vielen farbigen Abbildungen, 16,95 €

Das Biogarten-Praxisbuch

Anleitung zum naturgemäßen Gärtnern in Bildern. Hier wird das notwendige Wissen vermittelt, um erfolgreich den Boden zu bestellen und reichhaltig gesundes Obst und Gemüse zu ernten. Susanne Bruns. 224 Seiten, viele Abbildungen, 18,95 €

Permakultur im Hausgarten

Mit diesem Buch gibt der Autor einen Leitfaden an die Hand, wie ein Hausgarten Stück für Stück zum persönlichen und vielseitigen Permakultur-Garten gestaltet oder umgestaltet werden kann. Jonas Gampe. 144 Seiten, mit vielen Abbildungen, 16,95 €

Auf 300 qm Gemüseland

… den Bedarf eines Haushalts ziehen. Wie man auf kleinstem Raum einen Nutzgarten anlegt und erfolgreich bewirtschaftet, können wir von unseren Vorfahren lernen. Mit schnellen, praktischen, alphabetisch geordneten Infos über die wesentlichen Pflanzen, über Anbau- und Arbeitsmethoden. Von Arthur Janson. Neugestalteter Nachdruck der Erstausgabe von 1926. 170 Seiten, 16,95 €

Saatgut aus dem Hausgarten

Nach einer Einführung in die Saatgutgewinnung und in die Praxis der Vermehrung werden die nötigen Hilfsmittel, Ernte, Reinigung und Lagerung der Samen sowie Aussaat und Aufzucht beschrieben. Mit kurzen Pflanzenporträts aller im Hausgarten üblichen Kräuter, Gemüse und Blumen. Von Marlies Ortner. 138 Seiten, mit vielen farbigen Abbildungen, 19,90 €

Trocknen und Dörren mit der Sonne

Bau & Betrieb von Solartrocknern. Ein Buch für alle, die einen funktionstüchtigen Solartrockner kostengünstig selbst bauen möchten, um Obst, Gemüse und Kräuter natürlich und hochwertig haltbar zu machen. Außerdem: Praxis des Trocknens mit vielen Tipps aus langjähriger Erfahrung. Herausgegeben von Claudia Lorenz-Ladener. 96 Seiten, mit vielen farbigen Abbildungen, 16,95 €

Terrassen und Decks aus Holz selbst gebaut

Planungsüberlegungen, sinnvolle Konstruktionen, Materialempfehlungen. Viele Beispiele und Schritt-für-Schritt-Bilder vermitteln das Wissen zum Bau schöner Holzdecks. Von Peter Himmelhuber. 102 Seiten, mit vielen farbigen Abbildungen, 16,95 €

Mein Garten lebt

Vögel, Schmetterlinge, Igel, Wildbienen und andere nützliche Tiere ansiedeln. Mit Bauanleitungen und Gestaltungsideen, um durch Nisthilfen, Schlafquartiere u.ä. Gärten tierfreundlich zu gestalten. Von Peter Himmelhuber. 96 Seiten, mit vielen farbigen Abbildungen, 16,95 €

Natürlich konservieren

Die 250 besten Rezepte, um Gemüse und Obst möglichst naturbelassen haltbar zu machen und ein maximum an Vitaminen, Nährstoffen und Geschmack zu erhalten. Herausgegeben von Terre Vivante. 160 Seiten, mit vielen Abbildungen, 16,95 €

Trockenmauern für den Garten

Bauanleitung & Gestaltungsideen. Ob Sitzplätze oder Hochbeete einzufassen, eine Hangfläche zu terrassieren oder das Grundstück einzugrenzen: Mit einfachen Werkzeugen kann jeder kostengünstig eine schöne und dauerhafte Trockenmauer selbst bauen. Von Jana Spitzer und Reiner Dittrich. 96 Seiten, mit vielen farbigen Abbildungen, 16,95 €

Bunte Körbe aus Gräsern und Kräutern

Die Technik des Korbwickelns neu entdeckt. Anleitungen zur Herstellung von bunten Körben durch Wickeln und Vernähen von Strängen aus heimischen Faserpflanzen. Mit vielen Schritt-für-Schritt-Anleitungen. Von Walter Friedl. 96 Seiten, mit vielen farbigen Abbildungen, 17,95 €

Hauserneuerung

Instandsetzen - Modernisieren - Energiesparen - Umbauen: mit Anleitung zur Selbsthilfe. Das Buch beschreibt ausführlich den behutsamen, handwerklich sachgerechten und umweltverträglichen Umgang mit alter Bausubstanz. Von G. Haefele, W. Oed und L. Sabel. 256 Seiten, mit vielen Abbildungen, 28,90 €

Vom Altbau zum Effizienzhaus

Energietechnische Gebäudesanierung in der Praxis: Nachträgliche Wärmedämmung der Gebäudehülle, Fenstererneuerung, sowie Sanierung der Haustechnik einschließlich Lüftung, Heizung, Sanitär und Elektro. Hrsg. von Ingo Gabriel und Heinz Ladener. 200 Seiten, mit vielen farbigen Abbildungen, 28,90 €

Praxis: Holzfassaden

Material, Planung, Ausführung. Das Buch zeigt nicht nur die gestalterischen Möglichkeiten moderner Holzfassaden, sondern stellt zahlreiche vorbildliche Beispiele und Detaillösungen mit Ecken, Sockel, Dach- und Fensteranschlüssen vor. Von Ingo Gabriel. 112 Seiten, mit vielen farbigen Abbildungen, 28,- €

Handbuch Lehmbau

Umfassendes Lehrbuch und Nachschlagewerk: Es zeigt Einsatzmöglichkeiten, Eigenschaften und Verarbeitungstechniken des Baustoffes Lehm. Mit Forschungsergebnissen und Beschreibungen ausgeführter Lehmhäuser. Von Gernot Minke. 222 Seiten, mit vielen Abbildungen, 38,- €

Neues Bauen mit Stroh in Europa

Bauen mit großformatigen Quadern aus gepresstem Stroh: gebaute Beispiele, erprobte Bauformen und Konstruktionen, Besonderheiten, neue Projekte und Forschungen. Von H. u. A. Gruber u. H. Santler. 112 Seiten, mit vielen Abbildungen, 16,95 €

Handbuch Strohballenbau

Ein Konstruktions-Handbuch, das Konzeption, Bautechnik und alle Details beschreibt, um aus Strohballen gut gedämmte, dauerhafte Häuser zu bauen. Mit vielen Konstruktionsdetails und Beispielen. Von Gernot Minke und Benjamin Krick. 152 Seiten, mit vielen farbigen Abbildungen, 29,90 €

Haus der Zukunft

Ein Drittel aller Treibhausgase entsteht (noch) bei uns Zuhause. Das Buch möchte motivieren und zeigen, wie unser Zuhause in 20 bis 40 Jahren aussehen könnte und welche Wege dorthin führen. Von Simon Grieger. 196 Seiten, mit vielen farbigen Abbildungen, 24,90 €

Regenwasser für Garten und Haus

Ein kompetenter Ratgeber für Planung und Bau von Regenwassersammelanlagen nach dem Stand der Technik: Bemessung, Genehmigung, Speichertanks, Pumpen, Rohrleitungen, Zubehör. Von Karlheinz Bose. 96 Seiten, mit vielen Abbildungen, 16,95 €

Autonome Stromversorgung

Auslegung, Aufbau und Praxis autonomer Stromversorgungsanlagen mit Batteriespeicher für Beleuchtung und für netzferne Handwerks- u. Landwirtschaftsbetriebe. Von Philipp Brückmann und Georg Bopp. 126 Seiten, mit vielen Abbildungen, 22,90 €

Unsere Bücher erhalten Sie in allen Buchhandlungen.
www.oekobuch.de · E-Mail: verlag@oekobuch.de

ökobuch
Zukunft leben